JN438010

표 준 주 기 율 표

Periodic Table of the Elements

표기법:

원자 번호
기호
원소명(국문)
원소명(영문)
일반 원자량
표준 원자량

1	2	3	4	5	6	7	8	9	10	11	12	13	14	15	16	17	18
1 **H** 수소 hydrogen 1.008 [1.0078, 1.0082]																	2 **He** 헬륨 helium 4.0026
3 **Li** 리튬 lithium 6.94 [6.938, 6.997]	4 **Be** 베릴륨 beryllium 9.0122											5 **B** 붕소 boron 10.81 [10.806, 10.821]	6 **C** 탄소 carbon 12.011 [12.009, 12.012]	7 **N** 질소 nitrogen 14.007 [14.006, 14.008]	8 **O** 산소 oxygen 15.999 [15.999, 16.000]	9 **F** 플루오린 fluorine 18.998	10 **Ne** 네온 neon 20.180
11 **Na** 소듐 sodium 22.990	12 **Mg** 마그네슘 magnesium 24.305 [24.304, 24.307]											13 **Al** 알루미늄 aluminium 26.982	14 **Si** 규소 silicon 28.085 [28.084, 28.086]	15 **P** 인 phosphorus 30.974	16 **S** 황 sulfur 32.06 [32.059, 32.076]	17 **Cl** 염소 chlorine 35.45 [35.446, 35.457]	18 **Ar** 아르곤 argon 39.948
19 **K** 포타슘 potassium 39.098	20 **Ca** 칼슘 calcium 40.078(4)	21 **Sc** 스칸듐 scandium 44.956	22 **Ti** 타이타늄 titanium 47.867	23 **V** 바나듐 vanadium 50.942	24 **Cr** 크로뮴 chromium 51.996	25 **Mn** 망가니즈 manganese 54.938	26 **Fe** 철 iron 55.845(2)	27 **Co** 코발트 cobalt 58.933	28 **Ni** 니켈 nickel 58.693	29 **Cu** 구리 copper 63.546(3)	30 **Zn** 아연 zinc 65.38(2)	31 **Ga** 갈륨 gallium 69.723	32 **Ge** 저마늄 germanium 72.630(8)	33 **As** 비소 arsenic 74.922	34 **Se** 셀레늄 selenium 78.971(8)	35 **Br** 브로민 bromine 79.904 [79.901, 79.907]	36 **Kr** 크립톤 krypton 83.798(2)
37 **Rb** 루비듐 rubidium 85.468	38 **Sr** 스트론튬 strontium 87.62	39 **Y** 이트륨 yttrium 88.906	40 **Zr** 지르코늄 zirconium 91.224(2)	41 **Nb** 나이오븀 niobium 92.906	42 **Mo** 몰리브데넘 molybdenum 95.95	43 **Tc** 테크네튬 technetium	44 **Ru** 루테늄 ruthenium 101.07(2)	45 **Rh** 로듐 rhodium 102.91	46 **Pd** 팔라듐 palladium 106.42	47 **Ag** 은 silver 107.87	48 **Cd** 카드뮴 cadmium 112.41	49 **In** 인듐 indium 114.82	50 **Sn** 주석 tin 118.71	51 **Sb** 안티모니 antimony 121.76	52 **Te** 텔루륨 tellurium 127.60(3)	53 **I** 아이오딘 iodine 126.90	54 **Xe** 제논 xenon 131.29
55 **Cs** 세슘 caesium 132.91	56 **Ba** 바륨 barium 137.33	57-71 란타넘족 lanthanoids	72 **Hf** 하프늄 hafnium 178.49(2)	73 **Ta** 탄탈럼 tantalum 180.95	74 **W** 텅스텐 tungsten 183.84	75 **Re** 레늄 rhenium 186.21	76 **Os** 오스뮴 osmium 190.23(3)	77 **Ir** 이리듐 iridium 192.22	78 **Pt** 백금 platinum 195.08	79 **Au** 금 gold 196.97	80 **Hg** 수은 mercury 200.59	81 **Tl** 탈륨 thallium 204.38 [204.38, 204.39]	82 **Pb** 납 lead 207.2	83 **Bi** 비스무트 bismuth 208.98	84 **Po** 폴로늄 polonium	85 **At** 아스타틴 astatine	86 **Rn** 라돈 radon
87 **Fr** 프랑슘 francium	88 **Ra** 라듐 radium	89-103 악티늄족 actinoids	104 **Rf** 러더포듐 rutherfordium	105 **Db** 두브늄 dubnium	106 **Sg** 시보귬 seaborgium	107 **Bh** 보륨 bohrium	108 **Hs** 하슘 hassium	109 **Mt** 마이트너륨 meitnerium	110 **Ds** 다름슈타튬 darmstadtium	111 **Rg** 뢴트게늄 roentgenium	112 **Cn** 코페르니슘 copernicium	113 **Nh** 니호늄 nihonium	114 **Fl** 플레로븀 flerovium	115 **Mc** 모스코븀 moscovium	116 **Lv** 리버모륨 livermorium	117 **Ts** 테네신 tennessine	118 **Og** 오가네손 oganesson

57 **La** 란타넘 lanthanum 138.91	58 **Ce** 세륨 cerium 140.12	59 **Pr** 프라세오디뮴 praseodymium 140.91	60 **Nd** 네오디뮴 neodymium 144.24	61 **Pm** 프로메튬 promethium	62 **Sm** 사마륨 samarium 150.36(2)	63 **Eu** 유로퓸 europium 151.96	64 **Gd** 가돌리늄 gadolinium 157.25(3)	65 **Tb** 터븀 terbium 158.93	66 **Dy** 디스프로슘 dysprosium 162.50	67 **Ho** 홀뮴 holmium 164.93	68 **Er** 어븀 erbium 167.26	69 **Tm** 툴륨 thulium 168.93	70 **Yb** 이터븀 ytterbium 173.05	71 **Lu** 루테튬 lutetium 174.97
89 **Ac** 악티늄 actinium	90 **Th** 토륨 thorium 232.04	91 **Pa** 프로트악티늄 protactinium 231.04	92 **U** 우라늄 uranium 238.03	93 **Np** 넵투늄 neptunium	94 **Pu** 플루토늄 plutonium	95 **Am** 아메리슘 americium	96 **Cm** 퀴륨 curium	97 **Bk** 버클륨 berkelium	98 **Cf** 캘리포늄 californium	99 **Es** 아인슈타이늄 einsteinium	100 **Fm** 페르뮴 fermium	101 **Md** 멘델레븀 mendelevium	102 **No** 노벨륨 nobelium	103 **Lr** 로렌슘 lawrencium

참조) 표준 원자량은 2011년 IUPAC에서 결정한 새로운 형식을 따른 것으로 [ ] 안에 표시된 숫자는 2 종류 이상의 안정한 동위원소가 존재하는 경우에 지각 시료에서 발견되는 자연 존재비의 분포를 고려한 표준 원자량의 범위를 나타낸 것임. 자세한 내용은 *Pure Appl. Chem.* 83, 359-396(2011); doi:10.1351/PAC-REP-10-09-14을 참조하기 바람.

| 제2판 |

Laboratory Experiments for **General Chemistry**

현대일반화학실험

화학교재연구회

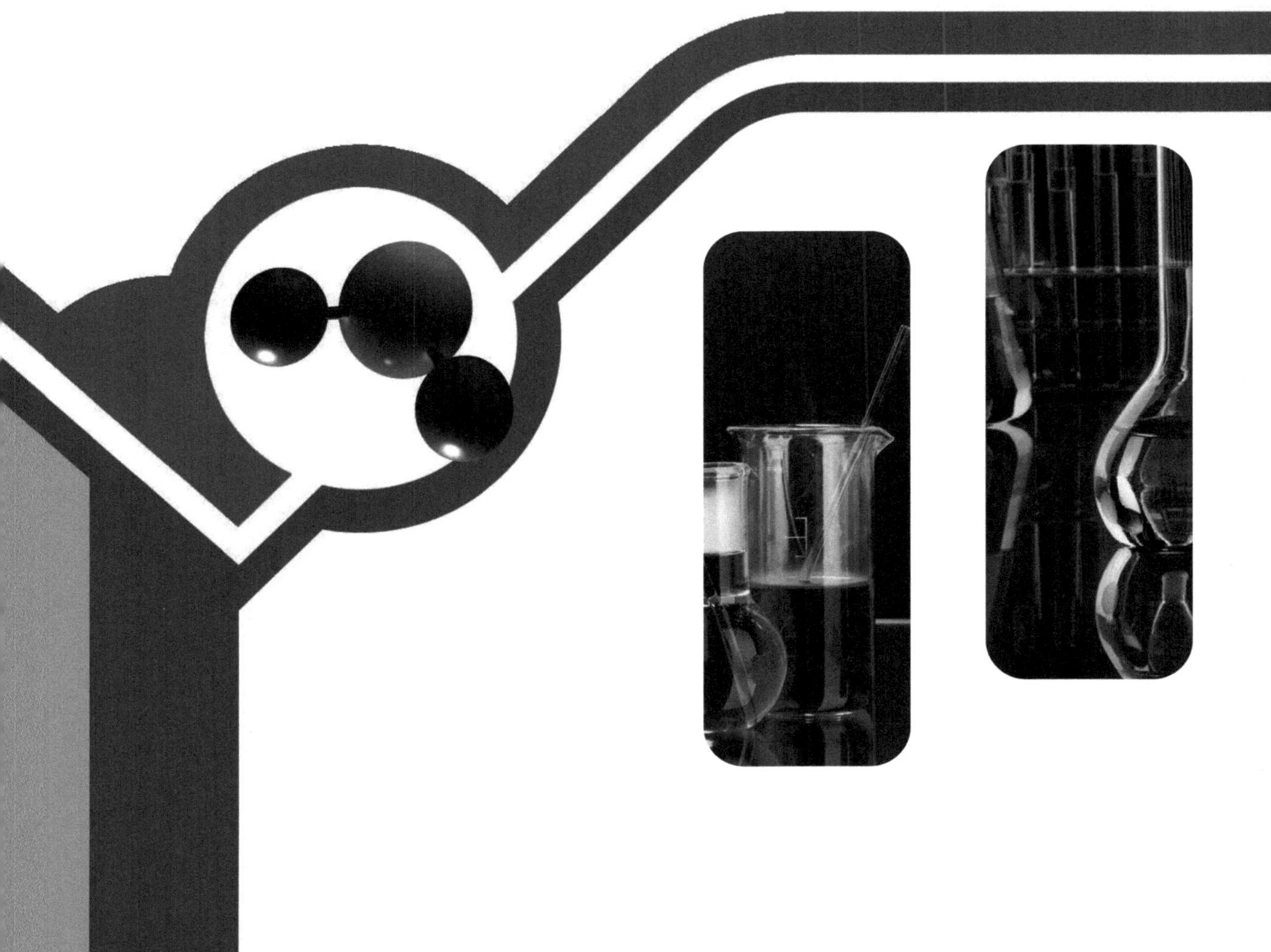

드림플러스
DREAM PLUS

머리말

과거의 일반화학 실험책은 고전적인 화학 이론들을 체험하고, 이해하는 것에 중점을 두고 있다. 그러나 화학을 전공으로 하지 않는 학생들에게는 잘못하면 옛 시대 것의 복습으로만 느껴질 수 있음을 인지하였다. 학생들의 과학적 사고와 흥미를 끌기 위해 새로운 개념의 일반화학 실험을 몇 해 동안 시도하여 왔다. 그 결과 이전 판의 현대 일반화학 실험책을 집필한 바 있으며, 이제 그 개정판을 내게 되었다.

공학교육의 실용화와 창의성 교육을 강조하는 공학교육인증 프로그램을 따르고 있는 상황에서 일반화학 실험의 내용도 변화하여야 한다는 의견들이 있다. 기초 이론을 실험하더라도 과거와는 다른 새로운 기자재를 이용하고, 실험 주제를 보다 다양한 분야에서 끌어와 화학에 대한 사고가 실험실에서만 머무르지 않도록 할 필요를 느껴왔다. 따라서 본 교재는 이전에 수행하였던 고전적 실험을 많은 전자기기 등을 사용하도록 수정하였고, 기존의 방법과는 다른 방법으로 수행할 수 있도록 내용을 꾸몄다. 또한 기존의 기초 실험 외에 실생활에서 접할 수 있는 소재에서 화학의 개념을 발견할 수 있는 새로움을 추구하였고, 설계 중심의 실험도 첨가하였다. 설계 중심 실험으로 꾸민 것은 하나의 소재를 가지고 두 주에 걸쳐 실험하도록 하였는데, 첫 째 주에는 교재의 내용에 충실하도록 하였고, 둘 째 주에는 다양한 변수를 자유로 선택하여 변수 범위 설정이나 그에 필요한 재료를 사용하도록 하였다. 변수 선택에서 결과를 정리하는 과정까지 많은 과학적 사고를 경험하리라 기대한다.

본 교재는 화학을 전공하지 않으면서 이공계 전공을 선택한 학생들에게 적합한 교재로 고안되었다. 생활에서의 화학적 사고와 화학적 관찰을 즐길 수 있기를 바란다.

2014년

홍익대학교 현대 일반화학 실험 교재 연구진

차례

예비편

실험편

A. 예비편

A1 화학 실험실에서의 안전수칙

실험실에서 일어날 수 있는 사고나 부상을 줄이기 위해서는 사용하는 시약의 성질과 위험성에 대해 인지하고 있어야 하며 정확한 실험방법을 따라야 한다. 이것은 본인의 안전 뿐 만아니라 동료 학생들의 안전을 위한 것이며, 정확한 실험 결과를 얻기 위한 기본 원칙이다. 대학화학 실험을 통해 물질과 반응에 대한 이해뿐만 아니라 이공학도로서 갖추어야할 여러 가지 인성도 갖추는 것을 목표로 한다. 사회적으로나 직업적인 면에서 데이터에 의한 정확하고 논리적인 결론에 이르는 과학적인 방법을 익히고 환경 문제를 생활화하는 태도를 익히는 것을 뜻한다.

1. 눈의 보호

- 보안경 착용: 실험실에서 사용하는 시약이 튀는 경우가 있기 때문에 보안경을 반드시 착용해야 한다. 본인의 실수 이외에 주위의 실수로 인해서도 눈에 튈 수 있기 때문이다. 일반 안경을 착용한 경우에도 안경의 옆쪽으로 시약이 튀는 경우가 있으므로 안경의 사이드 가드를 끼우거나 보안경을 착용해야 한다. 만일 튀어 들어간 경우 실험실에 비치된 샤워기로 씻어주고 의료진의 도움을 받는다.
- 콘택트렌즈의 착용 불허: 기화성 유기용매나 산성 기체가 렌즈를 통해 들어가는 경우 각막을 손상시킬 위험이 있기 때문이다.

2. 단정한 복장

- 실험복 착용: 실험실에서는 강산이나 강염기를 사용하므로 닿았을 경우 의복을 상하게 할 수도 있고 피부에 직접 닿는 경우에는 다치거나 변색시킬 수 있으므로 실험복을 입어야한다.
- 발등이 덮인 신발 착용: 시약이 떨어져 피부를 다치게 하는 등의 위험이 있으며, 피부에 묻은 경우에는 재빨리 맑은 물로 씻어내야 한다.
- 길게 풀어진 머리는 시야를 가리거나, 시약을 머리에 묻히는 등 실험 진행을 어렵게 할 수 있다. 긴 머리나 긴 스카프 등은 자신도 모르게 불이 붙을 수 있으므로 간결하게 정리한다.

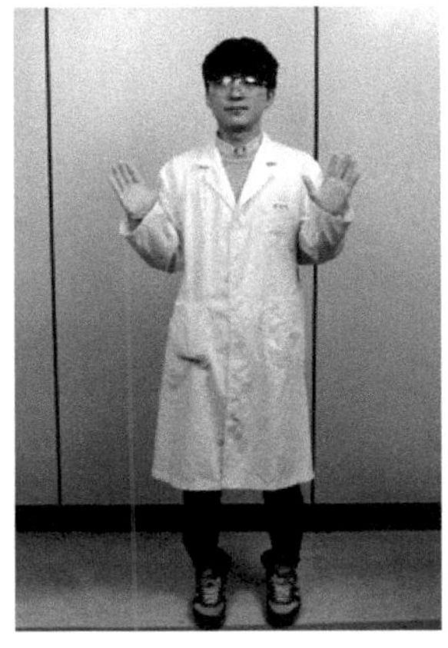

3. 실험실 내에서는 음식을 먹지 말아야한다.

• 실험에서는 다양한 기화 물질들이 존재하며, 음식물이 노출될 경우 실험실의 화합물을 같이 섭취할 수 있기 때문이다.

4. 소화기, 전열기, 버너 사용

• 소화기의 위치를 확인하고, 전기적인 사고를 방지하기 위해서는 젖은 손으로 전기기구 조작을 삼가고, 전기기구 해체 시에는 전원코드를 빼야한다.

• 실험실에서는 어떠한 경우에도 금연이며, 불을 사용할 때 주변에 휘발성 물질이 있는지 확인하고, 버너를 켤 때에는 라이터로 불을 켠 후 가스통을 열어야 한다. 휘발성 물질의 불꽃은 눈으로 확인이 잘 안되므로 주의하여야 한다.

5. 유리관의 사용

• 유리관을 고무튜브에 끼울 때 무리한 힘을 이용하려하면 유리가 파열되면서 찰과상을 입을 수 있다. 유리관을 물로 적신 후 돌리면서 끼워야한다.

6. 시험관의 가열

• 시험관을 가열할 때 용액이 팽창하여 넘칠 수 있으므로 시험관의 입구를 사람이 없는 쪽으로 향하도록 주의한다.

9. 실험실에서는 절대로 혼자 실험해서는 안 된다.

• 실험 중 있을 수 있는 사고 발생 시 혼자 대처하기 어렵기 때문이다.

A2 시약 취급 시 주의 사항

1. 물질안전 보건자료(MSDS) 확인

- 실험실에 게시된 물질안전 보건자료(MSDS, Material Safety Data Sheet)를 확인하고, 실험 사용되는 시약에 대한 물질정보와 취급 시 주의사항 등을 확인한다.

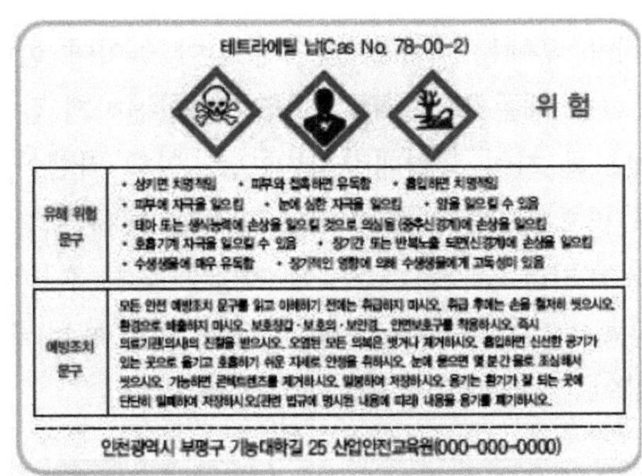

2. 조심해야 하는 화학 물질

- 소듐(Na), 포타슘(K) 등은 물과 쉽게 반응하며 수소 기체를 발생시킨다. 이 때 발생하는 반응열에 의해 수소 기체가 탈 수 이으며 화재를 일으킬 수 있기 때문에 이것들은 수분이 없는 기름 속에 보관한다.
- 휘발성 있는 유기 화합물들은 인화성이 크므로 불에 가까이 하지 않는다.
- 인(P_4) 등은 공기 중에서 발화되므로 물속에 보관한다.
- 염소산염이나 과염소산염은 화합물 내에 과량의 산소를 포함하므로 강한 충격이나 고온으로 가열하면 폭발할 수 있으므로 주의 한다.
- 나이트로(NO_2) 화합물은 폭발성이 강하므로 강한 충격을 주거나 가열하지 말아야 한다.
- KCN, NaCN, $HgCl_2$, HgO, As 화합물 등은 인체에 해로운 독약이므로 보이지 않는 곳에 보관한다.

3. 냄새를 맡는 경우

- 휘발성 액체나 기체는 들여 마시지 않는다. 냄새를 맡을 때도 용기의 입구

에 손을 대고 부채질하여 맡는다.

4. 시료를 덜어내는 경우

- 시약을 사용할 때는 항상 시약병의 라벨을 확인한다.
- 시약병에서 시료를 덜어낸 후 남은 양은 다시 시약병에 회수하지 않고 폐기한다. 시약병의 모든 시약을 오염시킬 수 있기 때문이다. 시약병 마개나 피펫, 약수저 등은 오염될 우려가 있으므로 실험대에 직접 닿지 않도록 하여야 하며, 사용 후에는 마개를 반드시 닫아 놓아야 한다.
- 액체 시료를 따를 때는 두 손으로 시약병을 안전하게 잡고, 시약병의 라벨이 위로 향하도록 하여 흘러내린 시약으로 인해 라벨이 더럽혀지지 않도록 한다. 시약병으로부터 액체 시료를 덜어낼 때에는 시약병에 피펫을 직접 넣지 않고 비커나 삼각플라스크에 적당량 옮긴 후 피펫으로 원하는 양을 덜어 사용하며([그림 A2-1]), 많은 양을 따를 때는 유리막대를 시약병에 대고 시약이 막대를 따라 흘러내리도록 한다.

[그림 A2-1] 시약병으로부터 액체시료를 덜어내는 방법

- 고체 시약 중 결정성 또는 분말성 시약이 아니고 덩어리로 존재하여 쉽게 취할 수 없는 경우 시약병을 때려서 부수어지도록 하거나 약수저로 긁어 적당량을 취한다. 약수저로부터 유산지 또는 비커에 정확한 양의 시약을 떨어뜨리려할 때에는 약수저를 잡은 손을 다른 손으로 톡톡 치는 자세로 조금씩 떨어지도록 한다([그림 A2-2]).

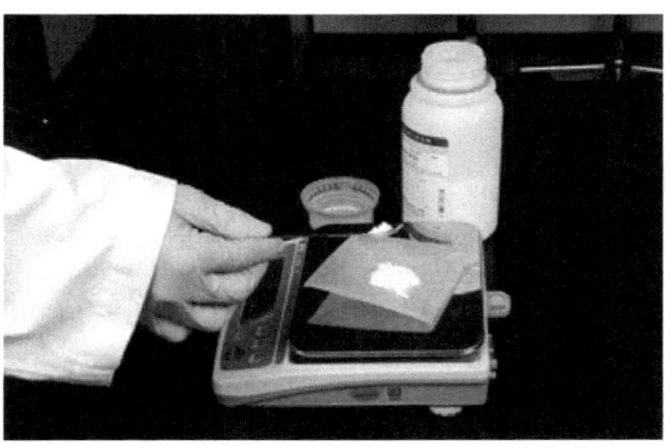

[그림 A2-2] 고체 시약을 취하는 법

5. 강산 또는 강염기를 다루는 경우

- 묽은 산을 만들 때 강산에 물을 넣으면 심한 열이 발생하여 용액이 튀어 나올 수 있으므로, 물에 강산을 조금씩 가하면서 저어주어야 한다.
- 강산이나 강염기가 엎질러진 경우 중화시킬 수 있는 화합물의 용액으로 처리한 후 물로 닦는다.

6. 후드 사용

- 독성이 있거나 냄새가 심한 시약은 후드 안에서 다루며, 후드를 이용할 때는 후드 안으로 머리를 집어넣지 않는다.
- 후드 바닥에 흘린 시약은 즉시 닦아 부식을 방지한다.

7. 폐기처리

- 실험 후 남은 시약은 지정된 폐기통에 버려야 하는데, 폐기 이전에 전처리를 반드시 하도록 한다. 산의 경우는 염기로, 염기는 산으로 중화시켜 반응성이 없도록 한 후 폐기하여야 한다([그림 A2-3]).

[그림 A2-3] 폐수처리

A3 비상시 대처 요령

1. 화재, 전기 사고

- 큰소리로 비상 상황을 알리고, 알람을 누른다.
- 출입구 가까이 있는 사람은 다른 사람들이 안전하게 밖으로 탈출할 수 있도록 안내하고 대피한다.
- 소화기 가까이 있는 사람은 소화기를 이용하여 불을 끄고, 위급하다고 판단되면 소방서에 연락한다.
- 만일 몸에 불이 붙은 경우 담요나 실험복을 덮어 소화시키거나 실험실에 설치된 샤워실에서 소화시킨다.
- 화상을 입은 경우 즉시 찬물로 화상부위의 온도를 낮춰 식힌 후 의사의 적절한 치료를 받는다.

2. 사고 발생 시 취할 행동

- 사고 발생 시에는 지도 교수나 조교 선생님에게 보고하고 사고를 은폐하지 말아야 한다.
- 시약이 묻은 경우 일반화학 실험에서 사용하는 시약 대부분 수용성이므로 물로 여러 번 씻은 후 의사의 치료를 받는다.

A4 실험 기구들

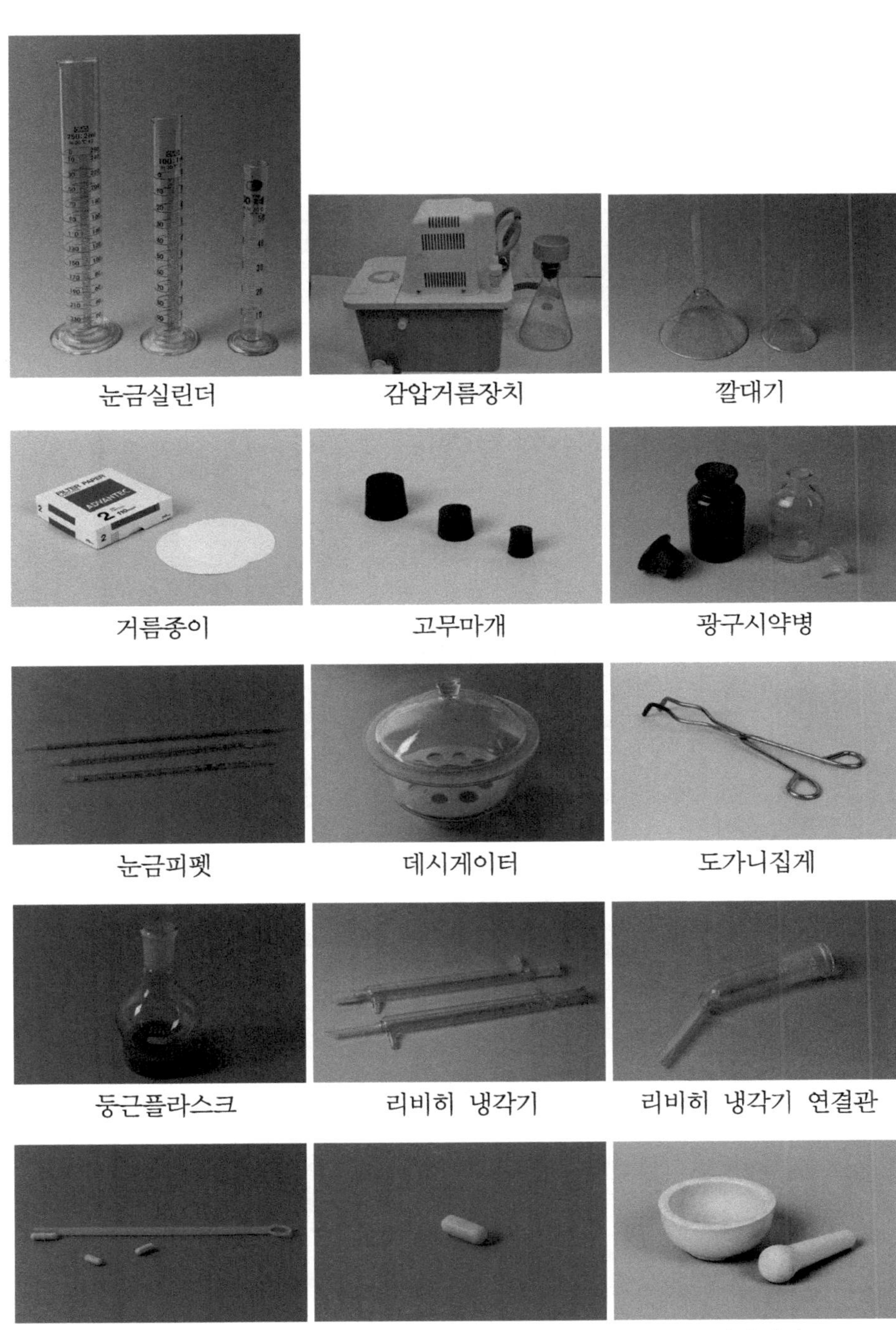

눈금실린더 감압거름장치 깔대기

거름종이 고무마개 광구시약병

눈금피펫 데시게이터 도가니집게

둥근플라스크 리비히 냉각기 리비히 냉각기 연결관

마그네틱 리트리버 마그네틱 바 막자사발

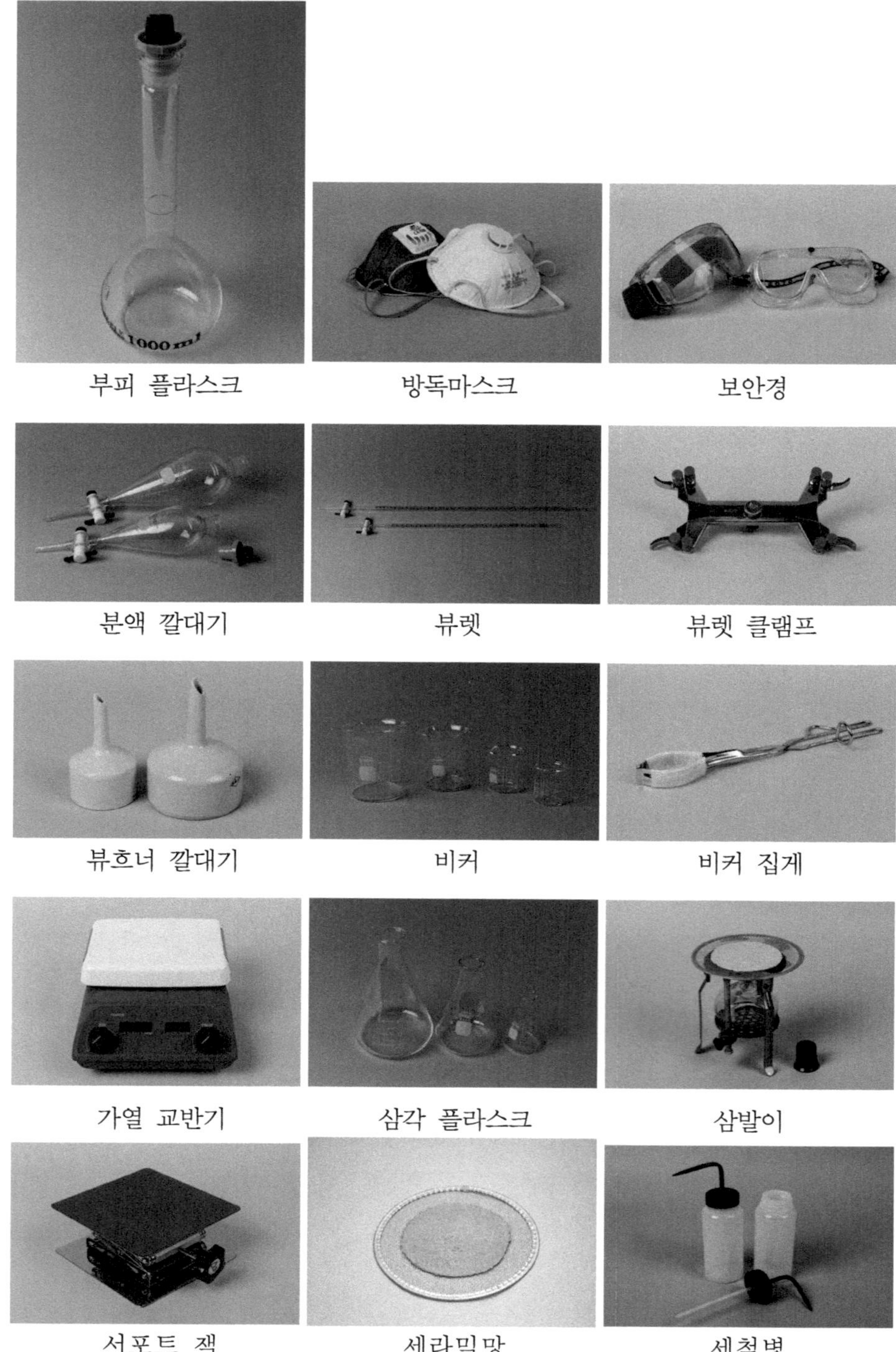

부피 플라스크

방독마스크

보안경

분액 깔대기

뷰렛

뷰렛 클램프

뷰흐너 깔대기

비커

비커 집게

가열 교반기

삼각 플라스크

삼발이

서포트 잭

세라믹망

세척병

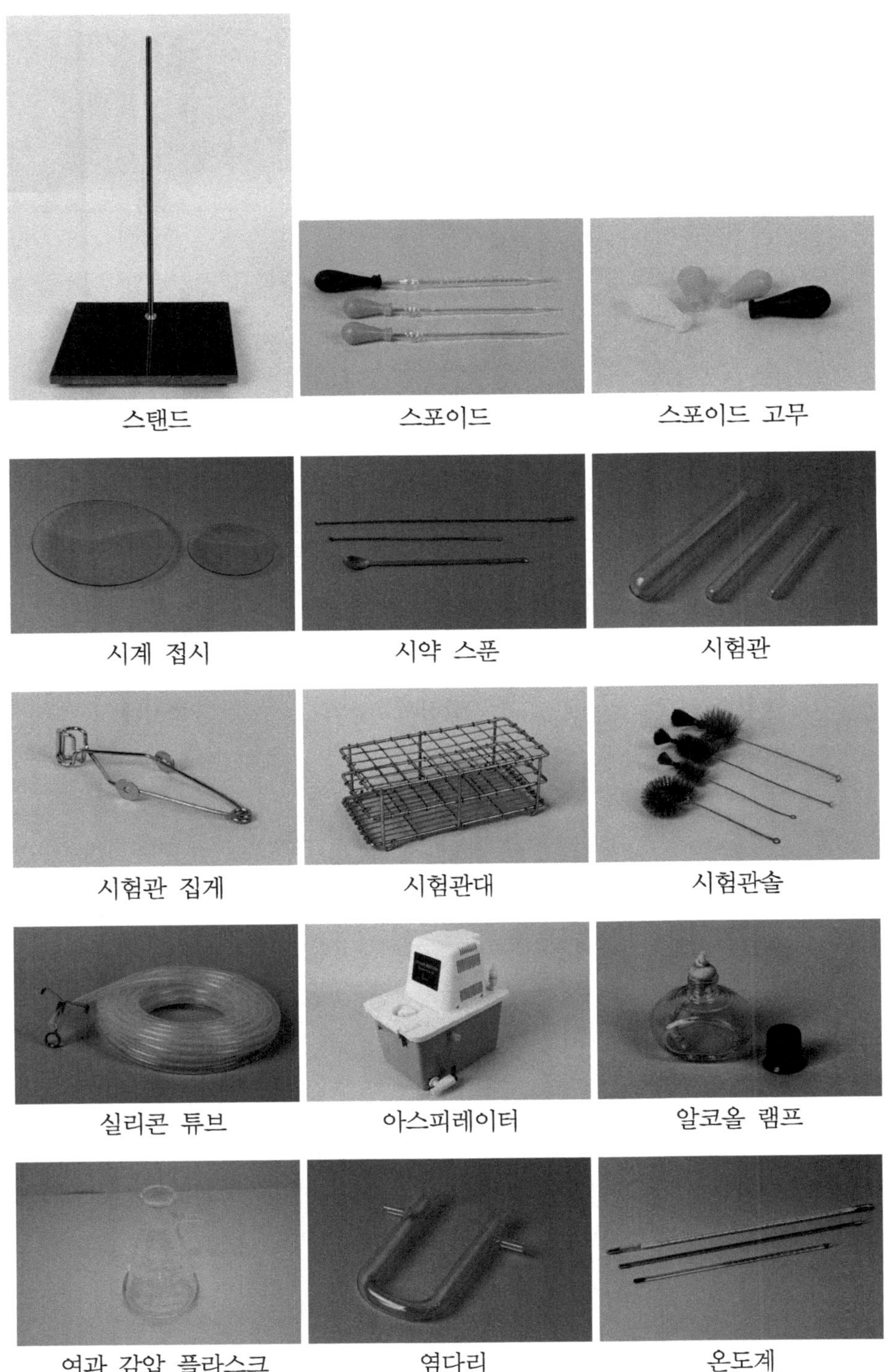

스탠드 스포이드 스포이드 고무

시계 접시 시약 스푼 시험관

시험관 집게 시험관대 시험관솔

실리콘 튜브 아스피레이터 알코올 램프

여과 감압 플라스크 염다리 온도계

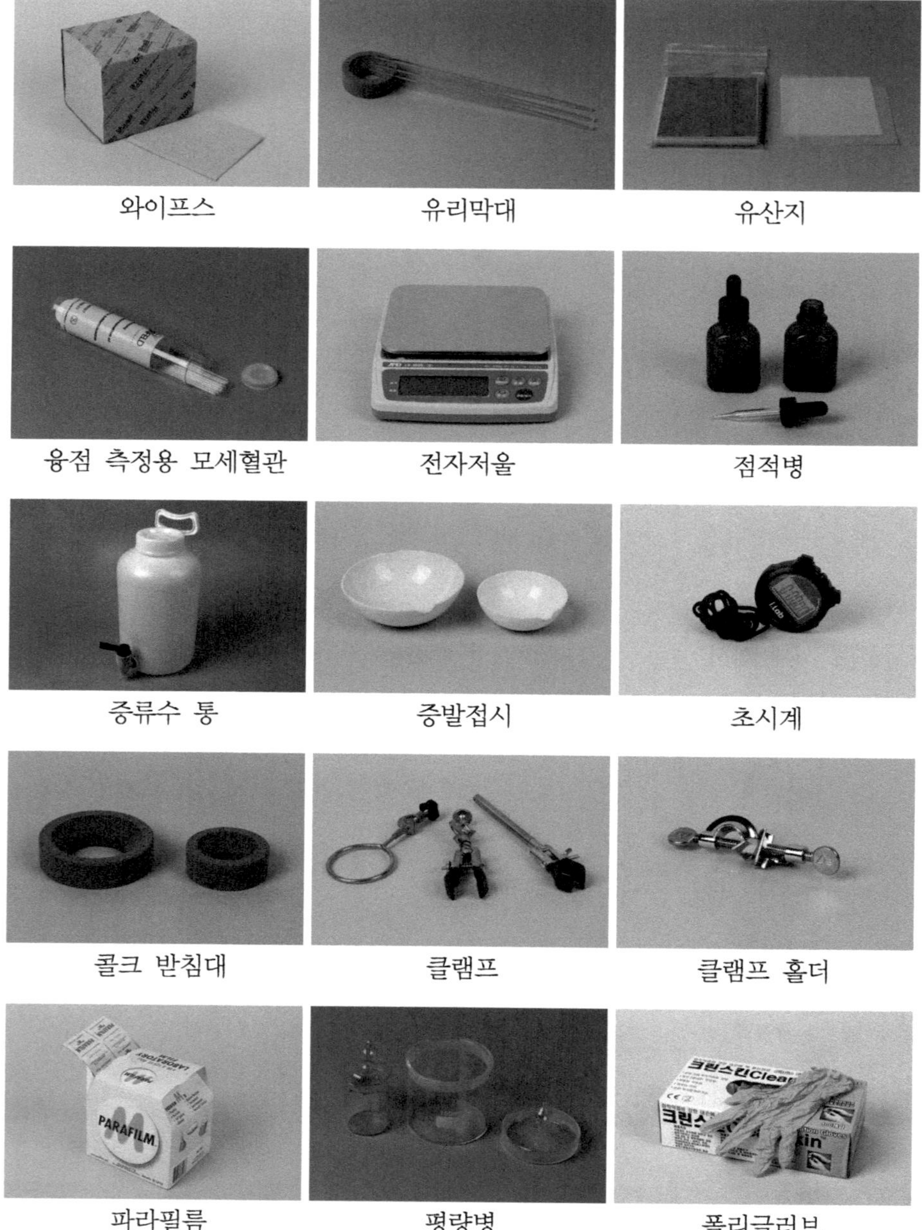

와이프스 | 유리막대 | 유산지

융점 측정용 모세혈관 | 전자저울 | 점적병

증류수 통 | 증발접시 | 초시계

콜크 받침대 | 클램프 | 클램프 홀더

파라필름 | 평량병 | 폴리글러브

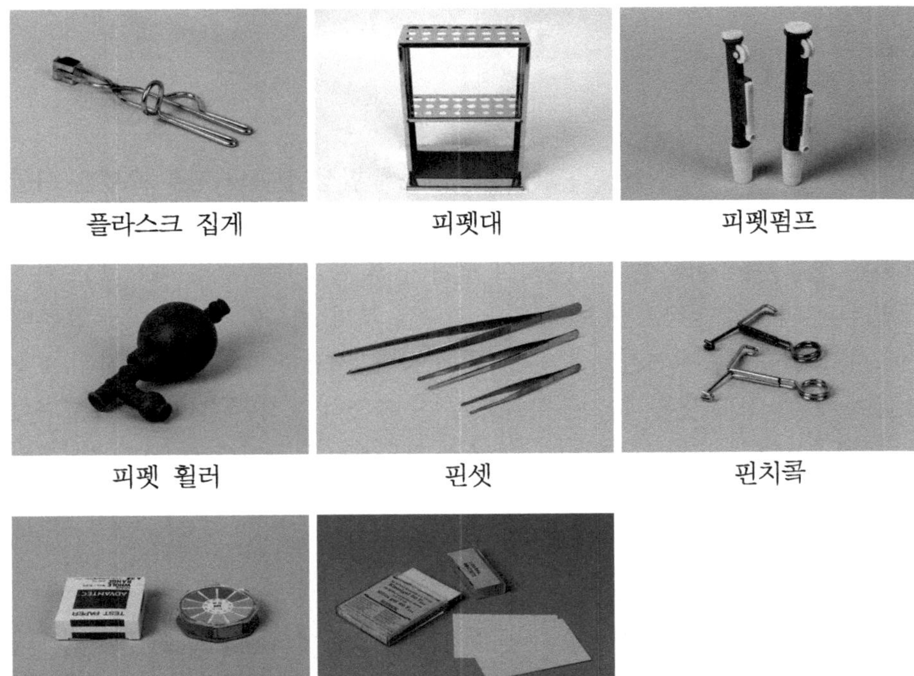

플라스크 집게

피펫대

피펫펌프

피펫 휠러

핀셋

핀치콕

pH 측정시험지

TLC 판

A5 부피 측정법

1. 기구 세척법

기구가 더러운 경우 정확한 측정이 불가능하며 합성 실험의 경우 오염된 화합물에 의해 예상치 못한 결과를 얻을 수 있기 때문에 깨끗이 세척해야 한다. 세척하는 방법은 세제와 솔을 이용하여 닦아낸 후 물과 증류수로 세척하고 건조시킨다. 부피를 측정하는 용도의 유리 기구는 부피 변화를 줄 수 있는 오븐에 건조시키지 않으며 자연건조 시킨다. 때에 따라, 사용하고자 하는 용액을 소량 취하여 두 번 정도 씻은 후 사용하기도 한다. 완전히 세척된 유리기구의 표면에는 물이 고르게 퍼져나갈 것이나, 더러운 경우에는 물줄기를 이루며 흘러내릴 것이다.

2. 메스실린더(graduated cylinder)

원하는 양에 근접하도록 액체를 부은 후 마지막으로 스포이드를 이용해 액체의 메니스커스(meniscus)가 눈금에 맞도록([그림 A5-1]) 떨어뜨린다. 이 때 메스실린더와 눈의 높이를 수직으로 읽어야하며 용기도 수직으로 놓여야 한다.

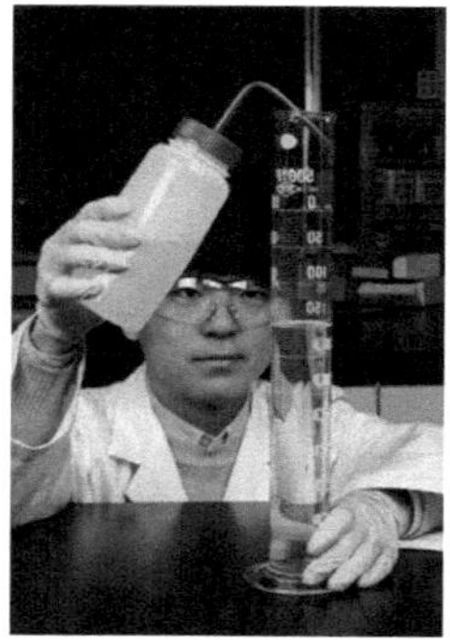

[그림 A5-1] 메스실린더 눈금 읽기

3. 뷰렛(buret)

가늘고 긴 모양으로 부피측정이 메스실린더보다 정확하다. 보통 0.05 ml부터 뷰렛의 용량 만큼의 용액 이동이 가능하며, 점차적으로 용액을 떨어뜨리고자 할 때 유용하다. 뷰렛의 스탑콕(stopcock)은 손으로 감싸듯이 하여 반대편으로 빠지지 않도록 주의하면서 돌려준다. 뷰렛을 사용하기 전에 스탑콕을 통해 용액이 새지는 않는지 증류수로 확인할 필요가 있다.

4. 용량 플라스크(volumetric flask)

주어진 온도에서 정확한 부피를 옮기기 위해 사용하며, 보통 10 ml, 50 ml, 100 ml, 1 L, 그 이상의 부피 측정이 가능하다. 목이 가늘어 뷰렛과 마찬가지로 메스실린더보다 정확하다. 보통 고체 시료를 녹여 원하는 농도의 용액을 만들 때 사용하는데, 그 방법은 다음과 같다. 원하는 양의 고체 시료를 넣은 후 약간의 용매를 넣어 흔들어주면서 고체가 다 녹는 것을 확인한다. 눈금 근처까지 용매를 채운 후 마지막 눈금까지는 스포이드로 맞춘다. 뚜껑을 막고 플라스크를 2-3번 뒤집어가며 용액을 섞어 준다. 이 때 용매가 휘발성인 경우 흔드는 과정에서 압력이 생길 수 있으므로 가끔 뚜껑을 열어 압력을 낮추어주어야 한다.

5. 피펫(pipet)

정확한 부피의 용액을 옮기기 위해 사용하는 것으로 작은 눈금으로 표시된 것(눈금피펫, measuring pipet)과 하나의 부피만을 표시한 것(홀피펫, hole pipet)으로 나뉜다. 용액을 빨아들이기 위해 사용하는 것으로는 고무로 만든 필러(filler, [그림 A5-2])와 플라스틱 기어로 만든 피펫펌프가 있다. 용액을 빨아들이기 위해 이 두 가지 기구를 사용하여야 하며 절대로 입을 사용하여선 안 된다.

[그림 A5-2] 피펫 필러를 이용하여 액체 덜어내기

A6 질량 측정법

측정하고자 하는 질량 크기의 정밀도에 따라 사용하는 저울을 선택한다. 수 십 kg을 측정하고자 할 때 소수점 아래 4자리의 분석저울을 사용할 이유가 없기 때문이다. 저울을 사용하기 전에 저울의 측정용량과 정밀도를 알아보고 실험의 목적에 맞는지 확인해야 한다. 화학 실험실에서는 보통 10 g~10^{-3} g의 질량을 다루므로 아래 [그림 A6-1]에서 보이는 전자 저울(electronic balance)을 사용한다.

사용하는 방법은 다음과 같다. 우선 저울의 수평이 맞았는지 확인한다. 수평은 저울의 바닥이나 옆의 레버로 맞출 수 있다. 저울의 영점을 맞추고 질량 측정을 하면 된다. 이 때 칭량지를 얹은 후 영점을 조절하면 시료만의 무게를 바로 측정할 수 있다. [그림 A6-1]과 같이 양쪽에 문이 있는 저울의 경우 작은 바람에 의해서도 무게의 변화가 읽히므로 실제 측정할 때에는 양쪽의 문을 닫은 후 무게를 읽는다. 액체는 일반적으로 무게로 측정하지 않고 비중을 이용하여 원하는 양을 부피로 확인한다. 작동하는 과정에서 저울에 시약을 떨어뜨린 경우 저울의 부식을 막기 위해 재빨리 닦아내야 한다.

[그림 A6-1] 전자 저울 종류 중 분석 저울

A7 거름종이 사용법

용액에 녹아있지 않은 고체를 분리하기 위해 거름종이를 사용한다. 거르려는 용액이 휘발성인지 수용성인지에 따라 거름종이를 접는 방법이 다르다.

1. 수용액의 경우

유리 깔대기 표면이 물에 젖는 현상을 이용하여 유리벽에 거름종이가 붙도록 [그림 A7-1]과 같이 접은 후 들뜨는 곳이 없도록 거름종이 끝을 살짝 찢어준다. 거름종이를 깔대기에 끼운 후 씻기병으로 거름종이를 적신 후 원하는 혼합액을 [그림 A7-2]과 같이 조심스럽게 따른다.

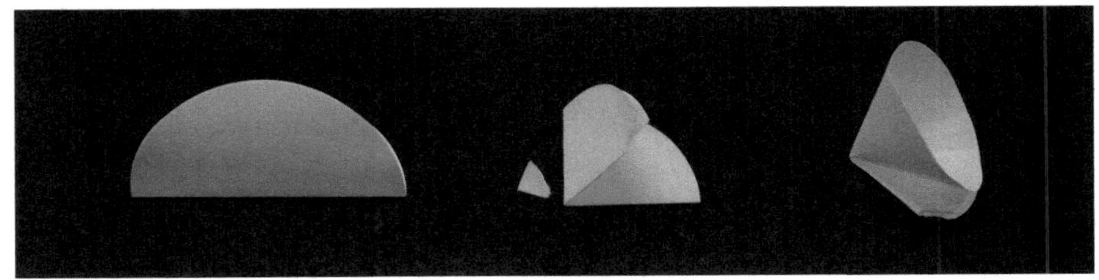

[그림 A7-1] 수용성 혼합액을 거를 때 거름종이 접는 법

[그림 A7-2] 깔대기에 혼합액을 따르는 방법

2. 휘발성 용매의 경우

휘발성 용매는 유리 표면과 붙지 않으므로 용매가 휘발되기 전에 걸러야 한다. 따라서 거르는 표면을 넓게 하기 위해 부채꼴의 모양으로 접는다(그림 A7-3).

[그림 A7-3] 휘발성 용매를 포함한 혼합액을 거를 때 거름종이를 접는 법

3. 감압 필터 하는 경우

아스피레이터나 진공 펌프를 이용하여 거를 때에는 뷰흐너(Büchner) 깔때기를 사용한다. 둥근 거름종이가 깔대기의 구멍을 간신히 가릴 수 있는 크기이어야 하며, 깔대기 안쪽에 접히지 않아야 한다. 감압 거름 플라스크에 고무칼라를 끼우고 뷰흐너 깔대기를 그 위에 끼운 후 거름종이를 얹고 거르려는 용매와 같은 용매로 거름종이를 적셔준다. 바로 아스피레이터나 펌프에 연결하면 진공으로 빨아드리면서 거름종이가 깔대기에 밀착된다([그림 A7-4]). 이후에 거르려는 혼합액을 깔대기에 따른다. 이 때 거름종이가 찢어지거나 깔대기와 거름종이 사이에 공간이 생기면 걸러지는 고체가 그대로 밑으로 빠져버리므로 조심해야 한다. 모든 거르는 작업이 끝나면 위에 걸러진 고체를 씻어주는 과정이 반드시 필요하며 이때 사용되는 용매는 경우에 따라 변화시켜야 한다.

[그림 A7-4] 감압 필터하는 방법

A8 보고서 작성법

실험은 실험을 디자인하는 과정, 수행하는 과정, 정리하여 결론을 내리는 과정, 결론에 따라 다음을 계획하는 과정으로 나눌 수 있다. 실험책에 주어진 방법에 따라 수행하는 경우는 첫 번째 과정이 생략되겠으나 본 교재의 뒷부분에 수록한 설계과제 실험은 실험을 디자인하는 과정까지 이행하여야 하는 것이 있다. 이제 실험을 수행하여 얻은 데이터를 정리하여 결론을 내리는 과정으로 보고서를 작성하여야 한다. 비록 실험이 성공하지 못하였다 하더라도 이 과정에서 문제점을 발견하고 다시 수행하게 되는 경우 어떤 실수나 어떤 수정이 가해져야 하는지 판단하는 과정이다. 따라서 실험 중 가장 중요한 부분이라 할 수 있다. 또한 보고서는 다음에 같은 실험을 다른 사람이 수행하더라도 같은 결과를 얻을 수 있도록 정확한 사실을 알아들을 수 있도록 기록해야 한다. 따라서 다음의 방법이 일반적으로 사용되는 순서이므로 참고하기 바란다.

1. 제목
2. 실험 목적
3. 실험 원리: 참고 문헌을 찾아 실험과 관련된 원리와 응용을 기술한다. 반응식도 쓴다.
4. 기구 및 시약: 실험책에 나온 기구나 시약 이외에 달리 사용한 것도 기록한다. 시약의 양은 실험책에 제시한 것이 아니라 본인이 사용한 양을 정확히 기록하여야 결과 생성물이나 데이터에 있을 수 있는 오차를 설명할 수 있다.
5. 실험 방법: 실험책에 제시된 방법 이외에 달리한 내용을 상세히 기술한다. 실험 장치 또는 실험 순서를 도식화하기도 한다.
6. 결과: 실험의 종류에 따라 결과 도출이 달라질 수 있다. 측정한 데이터를 가지고 원하는 분석 결과를 얻기 위해 계산하고, 합성하는 실험의 경우는 생성물의 수득률, 분석 스펙트럼이나 물성 등을 기록한다.
7. 고찰: 가장 중요한 부분이다. 관찰한 내용에서 의문점을 문헌조사를 통해 알아보고, 결과로부터 얻을 수 있는 결론을 도출한다. 앞의 결과와 이론적으로 예상할 수 있는 값과 비교하여 어떤 점이 수정되어야 하는지 생각해 본다.
8. 참고문헌: 서적의 경우 서명, 저자, 출판연도, 출판사, 참고한 페이지 순으로 적으며, 논문의 경우는 논문 제목, 저자, 잡지명, 연도, 게재 권, 호, 페이지 순으로 적는다. 웹사이트의 경우는 사이트 주소와 제목을 기입한다.

A9 유리세공

실험실에서는 유리관을 이용하여 실험 장치를 연결하는 경우가 많다. 또한 필요한 유리 기구를 간단히 만들어 사용하는 경우도 많다. 유리의 종류에 따라 사용할 수 있는 열원이 달라지므로 유리의 종류에 대해 알아보자.

유리는 크게 연유리(soft glass)와 경유리(borosilicate glass와 pyrex, kimax)로 나눈다. 유리의 3000년 역사 중 연유리는 2000년 정도의 역사를 가지며 경유리는 1912년 코닝사에서 처음으로 시작되었다. 경유리는 열에 매우 강하므로 실생활에서 넓게 이용되고 있다. 두 유리의 물성은 아래와 같이 차이가 난다.

	연유리	경유리
경화되는 온도(℃)	480	550
연하게 되는 온도(℃)	675	820
세공할 수 있는 온도(℃)	1010	1245

분젠 버너는 약 1000℃까지 온도가 올라가므로 연유리의 가공이 가능하다.

- **준비물**

줄(file), 6~8 mm와 20 mm 직경의 연유리관, 버너, 자

- **방법**

1. 유리관 자르기

유리관을 실험대에 놓고 원하는 길이를 자로 잰다. 자르고자 하는 부분에 [그림 A9-1(a)]와 같이 한쪽 손의 엄지손가락을 대고 줄의 모서리로 힘차게 한 번에 흠집을 낸다. [그림 A9-1(b)]와 같이 반대쪽에 두 엄지손가락을 대고 밀면서 양쪽으로 당기는 기분으로 꺾으면 쉽게 잘린다.

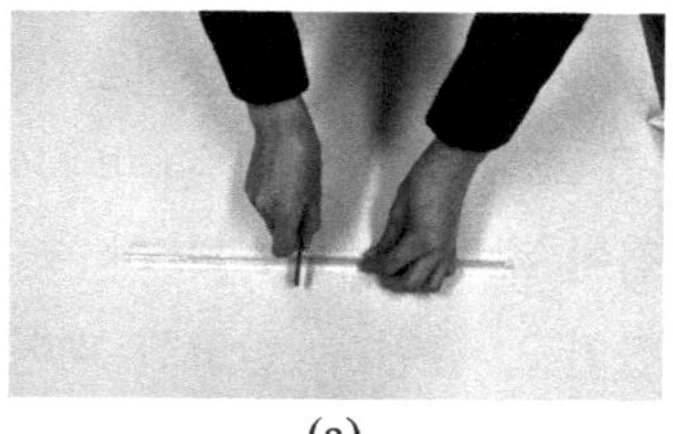
(a)

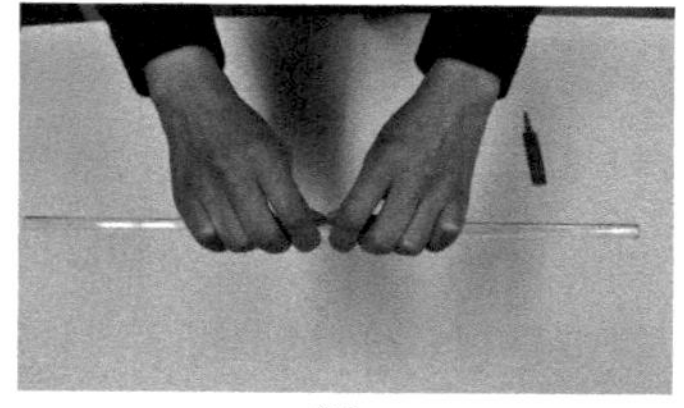
(b)

[그림 A9-1] 유리관 자르기

2. 끝을 무디게 하기

잘린 유리관 끝은 매우 날카로워 손을 다치거나 고무관 고무마개 등을 상하게 할 수 있다. 따라서 유리관은 자른 후 반드시 무디게 하는 과정을 거쳐야 한다.

유리관 끝을 [그림 A9-2]와 같이 불꽃의 가장 윗부분에 놓이게 한 후 엄지와 검지를 이용하여 천천히 돌려가면서 가열한다. 끝이 둥글게 되자마자 꺼내야 하며 너무 오래 가열하면 끝이 봉해지는 수가 있다. 유리관을 공기 중에서 2~3 분간 냉각시킨 후 열에 견디는 판 위에 올려놓는다. 뜨거운 유리를 식별하기 어려우므로 한동안 유리관을 잡지 말아야 한다.

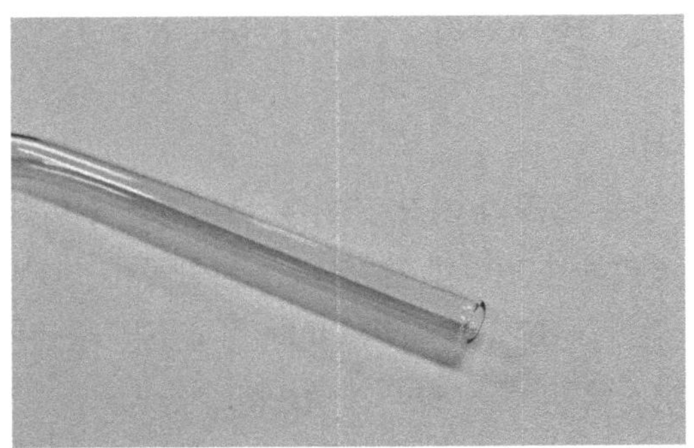

[그림 A9-2] 연유리관의 끝 무디게 하기

3. 구부리기

유리관을 구부릴 때에는 가열범위를 크게 해야 예쁘게 얻을 수 있다. 버너에 부채꼴 꼭지를 끼우고 공기의 양을 조절하여 파란 불꽃을 얻은 후 유리관을 가열하여야 한다. 만일 넓은 꼭지를 사용할 수 없는 경우에는 유리관의 넓은 부위가 골고루 가열되도록 유리관을 좌우로 그리고 돌려가며 빠르게 움직이면서 가열한다. 유리관이 충분히 가열되어 저절로 휘어지기 시작할 정도로 물러지면 불꽃에서 빨리 꺼내어 양쪽 엄지손가락으로 관의 구멍을 막은 후 필요한 각도로 구부린 후 냉각시킨다. 이 때 석판의 모서리에 대고 구부리면 원하는 각도로 구부리기 쉽다. 유리관이 충분히 가열되지 않았거나 일부분만 가열되었을 경우, 불꽃 속에서 구부릴 경우에는 유리관의 지름이 일정하게 구부러지지 않고 찌그러질 수 있다. 한 번에 구부리지 못하였을 경우에는 두세 번에 구부려서 원하는 각도를 얻도록 한다.

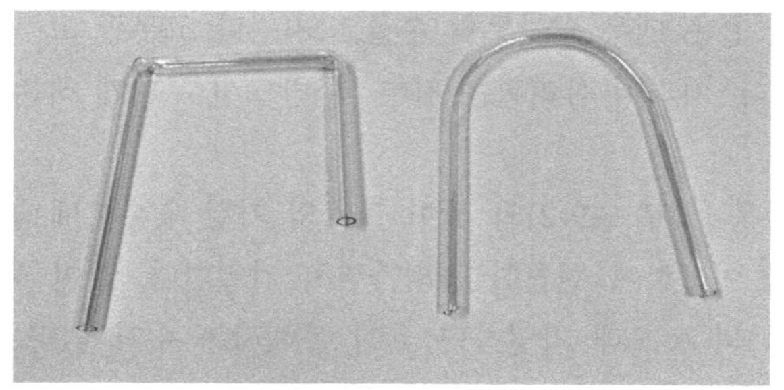

(a) 열이 널리 퍼지지 않고 가운데만 가열되었을 때의 모습　　(b) 좋은 상태

[그림 A9-3] 구부려진 유리관의 형태

4. 스포이드 만들기

10 cm 정도의 유리관을 불꽃의 가장 뜨거운 부분에서 휘어질 때까지 돌리면서 가열한다. 충분히 가열하여 연하게 된 유리관은 불꽃에서 꺼내어 두 손으로 빠르지 않게 천천히 잡아당겨 지름이 약 1 mm 정도 되도록 만든다. 유리관이 식은 후 가는 부분을 자르고 끝은 무디게 한다.

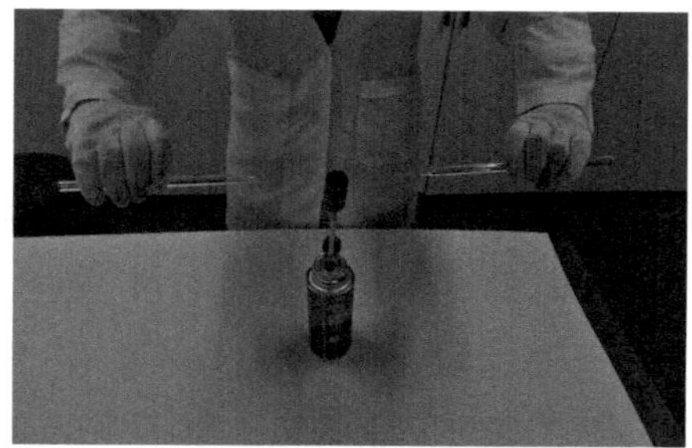

[그림 A9-4] 스포이드 만들기

5. 끝 봉하기

유리관을 막기 위해서는 스포이드 만드는 방법과 유사하게 가열한 후 잡아 늘인 유리관을 완전히 분리시킨다. 분리된 끝을 다시 가열하여 끝에 생기는 유리 덩어리를 다른 유리관이나 막대기로 떼어낸다. 유리관을 연하게 한 후 바람을 불어넣으면 끝을 둥글게도 할 수 있다.

6. 과제

이제까지 익힌 방법들을 이용하여 다음의 것들을 만들어 본다.

- 양쪽이 막힌 유리막대, 모세관(얇은막 크로마토그래피 용),
- U자관(갈바니 전지 염다리 용)

주의사항

① 버너 사용법을 충분히 교육 받은 후 실험에 임하도록 한다.
② 버너를 켜기 전 라이터를 점화해야하며, 사용 후에는 버너의 밸브를 반드시 잠근다.
③ 가열된 유리관과 날카로운 유리 끝을 조심한다.
④ 실험 테이블에 종이나 인화성 물질을 늘어놓지 않도록 한다.

B. 실험편-분석실험

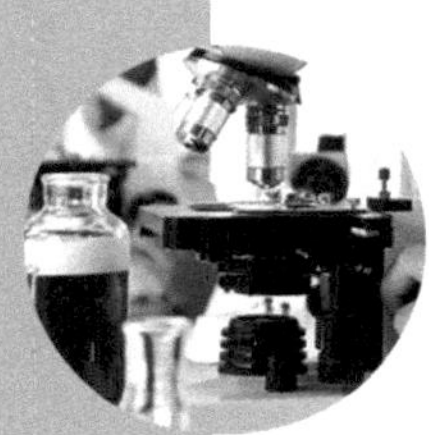

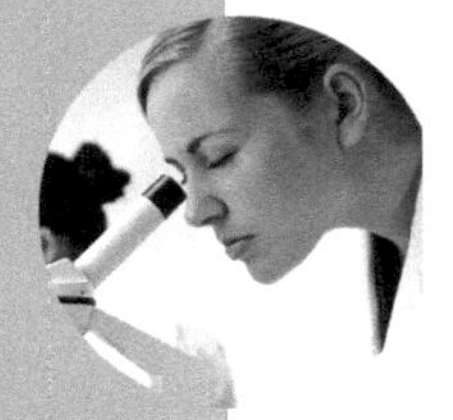

B1 용량기 검정과 정해진 농도의 용액만들기
B2 얇은막 크로마토그래피
B3 종이크로마토그래피에 의한 식용색소의 분리
B4 화합물의 실험식 구하기
B5 아보가드로 수 결정
B6 산소의 제조와 기체상수
B7 이상기체상태방정식을 이용한 분자량 측정
B8 용해도 및 분별결정
B9 반응열 측정
B10 산 염기 적정
B11 포도주 알코올 함량 분석
B12 어는점 내림에 의한 분자량 측정
B13 전기화학(Electrochemistry)
B14 평형에 영향을 주는 요인들
B15 분광광도계를 이용한 농도 측정
B16 분광광도계를 이용한 평형상수 측정
B17 산도의 측정과 산 해리상수 결정
B18 화학반응 속도 측정과 산 해리상수 결정
B19 물의 분석
B20 미지시료의 확인

실험 B1 용량기 검정과 정해진 농도의 용액 만들기

실험 목적

1. 밀도의 의미를 파악하고 부피 측정 기구인 메스실린더를 보정한다. 이를 통해 에탄올의 정확한 부피를 재고, 이로부터 얻은 계산값을 이론값과 비교한다.
2. 농도의 여러 단위에 대해 익히고, 묽은 염산 용액을 만드는 과정을 수행한다. 진한 용액으로부터 한 단계로 만드는 경우와 여러 단계로 묽혀 얻는 경우의 산도를 비교한다.

실험 원리

1. 밀도

밀도란 단위 부피 당 들어 있는 물질의 질량을 의미하며, 질량은 온도에 따라 변하지 않지만 부피가 온도에 따라서 변하는 값이므로 밀도도 온도에 따라 변한다.

부피를 측정하는데 사용하는 메스실린더는 온도에 따라 팽창률이 다르므로 부피 보정이 필요하다. 정해진 온도에서는 밀도가 고정된 값을 가지므로 정확한 질량을 알면 부피를 알 수 있다. 이를 이용하여 메스실린더의 부피를 보정한다.

보정된 메스실린더를 사용하여 에탄올의 밀도를 구하고, 이를 이론값과 비교한다.

2. 농도

용액의 농도를 나타낼 때, '묽은'과 '진한'이란 정성적인 용어 이외에 좀 더 정확한 계산에 의한 값을 제시할 필요가 있다. 화학자들이 가장 흔하게 사용하는 용액의 조성으로 '몰농도(molarity)'가 있다. 몰농도는 용액 1 L에 들어 있는 용질의 몰수(mol/L = M)로 나타낸다.

$$몰농도 = \frac{용질의 몰수(mol)}{용액의 부피(L)} = M$$

용액의 조성을 나타내는 유용한 다른 방법들도 있는데, 질량 백분율(mass percent)도 그 하나이다. 질량 백분율은 용액 중에 있는 용질의 질량을 백분율로 나타낸 것이다.

$$질량\ 백분율 = (\frac{용질의 질량}{용액의 질량}) \times 100\%$$

용액의 조성을 나타내는 또 다른 방법으로 몰분율(mole fraction, χ)이 있는데, 이는 용액에 있는 분자의 전체 몰수에 대한 주어진 성분의 몰수 비율이다. 예를 들어, 용액 중에 들어 있는 용질 A의 몰분율 χ_A를 나타내면 다음과 같다.

$$\chi_A = \frac{용질\ A의\ 몰수}{용액\ 중에\ 들어있는\ 모든\ 물질의\ 몰수의\ 합}$$

한편, 온도에 따라 변하지 않는 농도를 나타내는 또 한 가지 방법으로 몰랄농도(molality, m)가 있는데, 몰랄농도는 용매 1 kg에 녹아 있는 용질의 몰수를 뜻한다.

$$몰랄\ 농도 = \frac{용질의 몰수(mol)}{용매의 질량(kg)} = \mathrm{m}$$

또 다른 농도 단위로 노말 농도(normality, N)가 있는데, 이는 용액 1 L 속에 있는 용질의 당량수를 나타내며, 당량수란 용액에서 일어나는 반응에 따라 정의한다. 산-염기 반응에서 1당량은 양성자 1몰(mol)을 내놓거나 받아들이는 산(H^+ 이온) 또는 염기의 질량으로 계산한다. 예를 들면, H_2SO_4 1 mol은 양성자 2 mol을 내줄 수 있기 때문에 황산 1당량은 몰질량을 2로 나눈 값, 98/2 = 49이다. 1 mol의 $Ca(OH)_2$는 2 mol의 OH^- 이온을 가지고 있어서 양성자 2 mol과 반응할 수 있기 때문에 수산화칼슘의 당량 또한 몰질량을 2로 나눈 값이다.

기구/시약

1. 용량기 검정 및 밀도 측정

메스실린더 (100 ml)
증류수
저울
온도계
에탄올

2. 용액 만들기

진한 염산
부피 플라스크(100 ml) 3개
설탕
비커(25 ml)
증류수
눈금 피펫(10 ml)
pH paper

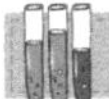

실험 방법

1. 용량기 검정 및 밀도 측정

A. 용량기 검정

① 액체가 채워져 있을 때 메스실린더 눈금 읽는 방법을 익힌다.
② 실린더를 세척하고 완전히 건조한 다음 질량을 측정한다. (M_2)
③ 이 실린더에 있는 눈금을 보면서 증류수를 10 ml 채운다. (V_1)
④ ③의 질량을 측정한다. (M_1)
⑤ 증류수의 질량을 구한다. ($M_3=M_1-M_2$)
⑥ 온도를 측정한다. (T_1)
⑦ 온도에 따른 이론적 물의 밀도를 부록에서 구한다. (ρ_{ideal})
⑧ 부피를 보정한다. $V_{ideal} = M_3/\rho_{ideal}$
⑨ 보정 인자를 구한다. $\gamma = V_1/V_{ideal}$
⑩ 증류수 20와 30 ml를 각각 사용하여 ②~⑨를 같은 방법을 수행한다.
⑪ 부피에 대하여 평균 γ를 구한다.

B. 액체의 밀도 구하기

① 에탄올의 질량(M)을 측정한다(약 10 g 정도로).

② 에탄올의 부피(V)를 측정한다.

③ 에탄올의 온도(T)를 잰다

④ 보정부피를 고려한다($V_{exp} = V/\gamma$).

⑤ 밀도를 구한다($\rho_{exp} = M/V_{exp}$).

⑥ 화학 handbook 등을 이용하여 온도에 따른 에탄올의 이론 밀도를 찾는다(ρ_{ideal}).

참고 내삽법(예: 다음 [표 B1-1]의 데이터를 이용하여 실험실 온도가 27℃일 때 이론 밀도구하기)

표 B1-1 95% 에탄올의 온도에 따른 밀도(g/ml)

온도	10	15	20	25	30	35	40
밀도	0.81278	0.80852	0.80424	0.79991	0.79555	0.79114	0.78670

$$Y\text{-}0.79555 = \frac{(0.79555 - 0.79991)}{(30 - 25)} \times (27 - 30)$$

$$Y = 0.79817$$

7) 밀도에 대한 오차를 구한다($|\rho_{ideal} - \rho_{exp}|/\rho_{ideal} \times 100\%$).

2. 묽은 용액 만들기

0.02 M HCl을 만들기 위해 두 가지 방법을 수행한 후 pH 페이퍼로 산도를 비교한다.

A. 진한 염산(>35%, ~12 M)에서 0.02 M HCl 용액 한 단계로 만들기

① 0.02 M HCl 용액 100 ml를 만들기 위하여 필요한 진한 염산의 부피를 계산한다.

② 100 ml 부피 플라스크에 약 20 ml 정도의 증류수를 넣는다.

③ ①에서 계산한 진한 염산의 정확한 부피를 눈금 피펫을 사용하여 ②의 부피 플라스크에 넣는다.

④ 부피 플라스크를 흔들어 용액을 잘 섞은 후 부피 플라스크의 눈금까지 증류수를 채운다.

⑤ 부피 플라스크의 뚜껑을 닫고 용액이 잘 섞이도록 흔들어준다.

주의 흔들 때에는 플라스크 내부의 압력이 올라가 뚜껑이 빠지지 않도록 주의해야 하며, 흔들다가 가끔 뚜껑을 열어 내부 압력이 높아지는 것을 막아야 한다.

B. 진한 염산에서 0.02 M HCl 용액 두 단계로 만들기

① 0.2 M HCl 용액 100 ml를 만들기 위해 필요한 진한 염산(12 M)의 부피를 계산한다.

② A와 같은 방법으로 0.2 M HCl 용액을 만든다.

③ 0.2 M HCl 용액을 10배 희석하여 0.02 M 용액 100 ml를 만든다.

C. pH 측정

① A와 B의 용액을 각각 pH paper에 묻혀 pH를 비교한다.

결과 처리

1. 용량기 검정 및 밀도 측정

① 메스실린더의 부피 보정 인자(γ)를 구한다.

② 에탄올의 실제 밀도와 이론 밀도를 비교한다.

2. 묽은 용액 만들기

① 0.02 M HCl 용액 100 ml를 만들기 위해 필요한 진한 염산의 부피를 구한다.

② 0.2 M HCl 용액 100 ml를 만들기 위해 필요한 진한 염산의 부피를 구한다.

③ ②의 0.2 M HCl 용액으로부터 0.02 M HCl 용액 100 ml를 만들기 위해 필요한 ②의 용액의 부피를 구한다.

주의사항

진한 염산은 유해하니 옷이나 몸에 닿지 않도록 유의한다. 사용 후 염산 등의 산은 중화시키고, 에탄올은 그대로 폐수 처리한다.

실험 B1 용량기 검정과 정해진 농도의 용액 만들기

학과	학번	이름	실험 일자(년 월 일, 고시)

1. 용량기 검정 및 밀도 측정

A. 용량기 검정

	10 ml	20 ml	30 ml
물의 부피(V_1)			
물+메스실린더의 질량(M_1)			
실린더의 질량(M_2)			
물의 질량(M_3)			
물의 온도(T_1)			
물의 이론밀도-부록V(ρ_1)			
$V_{ideal} = M_3/\rho_1$			
보정인자 $\Upsilon = V_1/V_{ideal}$			

보정인자

1.0

실린더 부피(ml)

B. 에탄올의 밀도 측정

	15 ml	25 ml
에탄올 부피(V)		
에탄올 질량(M)		
에탄올 온도(T)		
실린더 보정인자(Υ)		
보정부피($V_e=V/\Upsilon$)		
에탄올의 밀도($\rho=M/V_e$)		
온도에 따른 에탄올의 이론 밀도		
오차		

2. 묽은 용액 만들기

	사용한 진한 염산 부피	pH
0.02 M HCl 용액 100 ml		
0.2 M HCl 용액 100 ml		X
0.2 M에서 희석한 0.02 M HCl 용액	X	

- **질문**

① 부피 보정을 하여 보니 메스실린더에 표시된 눈금을 신뢰할 수 있겠는가?

② 에탄올에 대한 밀도 측정 결과가 이론값과 같은가? 다르다면 그 이유는 무엇이라고 생각하는가?

③ 같은 0.02 M HCl 용액인데 pH의 값이 A, B 용액에 대해 동일한가? 아니라면 그 이유와 어떤 방법이 더 적절한지 설명하여 보시오.

실험 B2 얇은막 크로마토그래피

실험 목적

미량의 물질을 분리 또는 정제하는 방법으로 화학, 의약 분야에서 널리 이용되는 크로마토그래피의 원리를 이해하고 이를 이용하여 혼합물을 분리하도록 한다.

실험 배경

크로마토그래피는 액체, 기체 등의 이동상(mobile phase)이 고체상태의 고정상(stationary phase)을 통과할 때 시료 성분들이 두 상에 대해서 서로 다른 분포를 갖는 상분포(phase distribution)의 원리에 바탕을 두고 있다. 고정상에 의해서 세게 흡착되어 있는 성분일수록 고정상에 성분분자들이 큰 비율로 존재하고 약하게 흡착되어 있는 성분일수록 이동상 속에 그 성분 분자들의 비율이 커지게 된다. 평균적으로 고정상에 의해서 약하게 흡착되는 성분의 분자들은 다른 성분들보다 이동상의 흐르는 방향을 따라 더 빠른 속도로 고정상을 통과하게 되므로 서로 다른 이동속도를 가지는 각각의 성분들은 분리되어진다. 이와 같은 조작을 용리(elution)라 하고, 용리 시간에 대한 검출기의 감응을 나타내는 그래프를 크로마토그램이라고 한다.

• 크로마토그래피의 종류

크로마토그래피는 용질과 고정상 사이의 상호작용 메커니즘에 따라서 흡착 크로마토그래피(adsorption chromatography), 분배 크로마토그래피(partition chromatography), 이온 교환 크로마토그래피(ion-exchange chromatography), 분자

배제 크로마토그래피(molecular exclusion chromatography), 친화 크로마토그래피(affinity chromatography)등으로 나뉜다. 이 방법들은 사용하는 고정상과 이동상에 따라 더욱 세분화된다. 그중에서 관 크로마토그래피(column chromatography)와 얇은 막 크로마토 그래피(thin layer chromatography, TLC)는 일반 실험실에서 가장 널리 이용되고 있다.

1. 관 크로마토그래피

관 크로마토그래피는 액체상과 고체상 사이에서 평형을 이루는 시료를 분리하는 방법이므로 액체-고체 크로마토그래피이다. 고정상은 고체 흡착제이며, 통과하는 시료 성분들이 그 표면에 흡착됨으로써 분리된다. 흡착을 일으키는 원인으로서는 분자들 사이의 인력 때문이다. 정전기적 인력, 쌍극자-쌍극자 인력, 수소 결합, van der Waals의 힘 등이다.

관 크로마토그래피는 특히 고체 시료들을 분리하는 데 유용하다. 고체들의 용해도가 비슷하여 재결정법의 수단으로는 효과를 거둘 수 없을 경우에 이 방법을 이용하면 쉽게 분리할 수 있다.

분리하려는 고체들의 혼합 용액을 흡착제인 알루미나(alumina)또는 실리카겔(silica gel)과 같은 고체가 들어 있는 관을 통하여 흘려준다. 관의 상부에 흘려주는 용액을 용리액(eluent)이라 하고, 나오는 액체를 용출액(eluate)이라고 한다. 잘 선택된 용리액으로 혼합물을 분리하면 각 성분들이 섞이지 않고 한 가지씩 따로따로 관을 빠져나온다.

용질들이 색깔을 띠고 있으면 이들이 관을 지나 내려오는 것을 관찰 할 수 있지만 용질이 무색일 경우에는 자외선을 쬐어서 형광을 내게 하는 성질을 이용함으로써 원래의 혼합물 중에 들어 있던 각 성분 물질들이 관을 따라 이동하여 내려오는 것을 관찰할 수 있다.

2. 얇은막 크로마토그래피(Thin layer chromatography, TLC)

TLC는 액체-고체 크로마토그래피의 한 형태이다. TLC에서는 유리판이나 플라스틱판과 같은 지지판에 실리카겔이나 알루미나와 같은 고체 흡착제의 얇은 막을 입혀서 사용한다. 분리 또는 정제하고자 하는 물질의 용액을 모세관에 묻혀서 TLC판의 한쪽 끝 가까이에 반점을 만든다. 이 판을 용리 용매가 들어 있는 용기에 담그는데, 용매의 액면이 반점 바로 아래쪽에 오도록 한다.

용매는 모세관 작용에 의하여 판을 따라 위로 이동하며, 시료 혼합물에 있는 각 성분 물질들의 이동 속도는 각각 다르다. 실험에 사용되는 용매와 흡착제는 분리 효과가 좋은 것을 선택해야 하며, 전개 후 판 위에는 혼합물의 각 성분들이 분리 되어 생긴 일련의 반점들이 일직선상에 늘어선다.

원래의 출발점으로부터 용매선(solvent front)까지의 거리 및 각 반점들까지의 거리를 측정한다. 출발점으로부터 성분 반점들까지의 거리를 용매가 이동한 용매선까지의 거리로 나누어준 값을 R_f 값이라고 한다.

$$R_f = \frac{\text{성분물질이 이동한 거리}}{\text{용매가 이동한 거리}}$$

그림과 같이 용매의 이동거리 $l_{\text{용매}}$, 반점 a의 이동 거리를 l_a 라고 하면 a의 R_f 값은 다음과 같다.

$$a\text{의 } R_f = \frac{l_a}{l_{\text{용매}}}$$

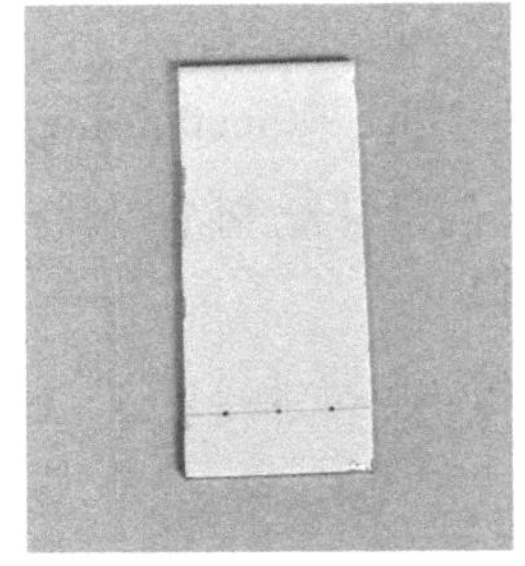
(a) 원점 찍기

(b) 전개액에 담그기

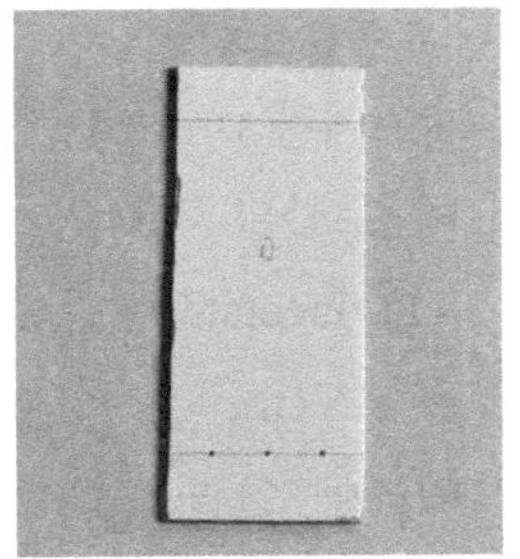
(c) R_f 값 측정방법

[그림 B2-1] 얇은막 크로마토그래피

물질의 R_f 값은 각 물질의 성질, 용매의 종류 및 온도에 따라 다르며, 흡착제, 용매, 막의 두께, 균일성, 온도 등이 정해진 조건에서의 R_f 값은 일정하다. TLC의 장점은 아주 적은 양의 시료라도 분석이 가능하다는 데 있다. 특수한 경우에는 10^{-9} g까지도 검출이 가능하지만 보통은 500 μg 정도는 써야 한다. 색깔이 있는 물질은 크로마토그램 위의 반점을 알아보기 쉽지만 무색의 물질일 경우는 반점의 위치를 확인하기 위하여 발색제를 뿜어 주거나 또는 황산을 뿌려서 유기물을 탄화시켜 나타난 흑색반점으로도 확인 할 수 있다. 가장 손쉽게 이용되는 방법으로 자외선(UV) 램프를 조사시켜 TLC 판으로부터 나오는 형광을 시료 분자가 흡착된 반점에서는 소광되어 어두운 반점이 되는 것을 이용하여 확인하기도 한다.

A. 의약품의 분석

기구/시약

실리카겔이 도포된 3 cm×10 cm 유리판(TLC plate)
전개용 유리병
모세관
핀셋
자
해열제(아스피린, 이부프로펜, 아세트아미노펜 등)
전개용매(헥세인, 에틸아세테이트)
자외선램프(또는 요오드).

실험 방법

① 아스피린(aspirin), 이부프로펜(ibuprophen), 아세트아미노펜(acetaminophene)이 포함된 각각의 해열제 1정씩을 곱게 간 다음 적당량을 에틸아세테이트(ehtylacetate)에 녹여 시약병에 보관한다.
② 폭 2.5 cm, 길이 5 cm 정도의 TLC plate(실리카 젤)에 하단에서 약 1 cm의 거리에 연필로 하단과 평행한 선을 긋는다.
③ 세 가지 해열제를 각각 다른 모세관에 묻혀서 TLC plate의 연필로 표시한 선 위에 가상으로 삼등분하여 지름이 약 1 mm 정도 되는 각각의 반점을 만든 후 용매가 완전히 마를 때까지 기다린다(한 개의 plate에 세 개의 해열제를 모두 묻혀서 실험하는 것이 각각의 plate에 한 개씩 묻혀서 실험하는 것보다 훨씬 효과적이다).
④ 비커(또는 전개용 병)에 전개액(hexane : EA = 2 : 8)을 약 0.5 cm 높이로 넣고 뚜껑을 덮어 비커가 용매 증기로 포화되게 한다.
⑤ 해열제 반점이 묻은 마른 TLC plate를 전개병에 넣고 뚜껑(또는 알루미늄 포일)을 덮은 후 용매를 전개한다(주의 반점이 용매에 잠기면 안 되며, 뚜껑

이 열려있으면 전개용 병 내부가 용매의 증기로 포화되지 않아 plate에 전개된 용매가 증발하여 오차를 가져올 수 있다).

⑥ 용매가 plate를 따라 전개되어 plate의 상단 근처에 다다르면 plate를 꺼내어 연필로 용매선을 그린 후 말린다(주의 용매가 palte 상단을 지나서는 안 된다).

⑦ UV 254 nm 하에서 관찰하여 반점의 테두리를 연필로 그리고 각 해열제의 R_f 값을 구한다(UV 램프가 없는 경우 다른 비커에 약간의 I_2를 넣고 사용한 TLC plate를 넣으면 반점이 나타난다).

⑧ 세 가지 해열제 용액 중 일부 또는 전체의 혼합으로 만들어진 미지시료를 모세관으로 묻혀서 TLC plate에 반점을 만든 후 위의 실험과 같은 방법으로 관찰하여 각각의 R_f 값을 기록하고 위의 값과 비교한다(주의 반드시 ④번에서 사용한 동일한 혼합 비율의 용매를 사용하여야만 한다. 용매의 혼합 조건이 달라지면 R_f 값이 변한다).

⑨ 얻어진 R_f 값으로부터 미지 시료에 들어 있는 해열제의 종류를 확인한다.

⑩ 전개용매의 조성을 달리하여 시료의 R_f 값을 구한다.

주의사항

크로마토그래피의 첫 단계인 분리하고자 하는 물질의 반점을 찍을 때, 알맞은 양을 찍는 것이 매우 중요하다. 그렇게 하기 위해서 처음 반점을 찍은 후에 마르기를 기다린 후 똑같은 과정을 2~3번 더 반복해야 한다. 만약 너무 적은 양을 떨어뜨리면 이동한 분자의 색이 너무 흐려 이동거리를 정확히 판별할 수 없고, 반대로 너무 많은 양을 떨어뜨리면 색이 너무 진하여 여러 물질을 구별할 수 없다.

B. 물감 혼합물의 분석

기구/시약

현미경 용 슬라이드	분액깔대기(100 ml)
비커(150 ml)	젓개
시계접시	유리관(ϕ6 mm)시험관(150×16 mmϕ)
눈금실린더(100 ml)	스포이드

거름종이
실리카겔
클로로포름
아세톤
물감용액(알리자린 노랑, 메틸렌 파랑, 에리오크롬 검정 T-1%/에탄올)
톨루엔
석유에테르(끓는점 80~100℃)
1-부탄올, 에탄올
아세트산
2 M 암모니아 용액
0.3% 닌히드린(부탄올 : 아세트산 = 97 : 3)
0.1% 아미노산 혼합물 및 단일시료
2% 합성세제(에탄올)-글리신
로이신
발린-0.5 M 알콜성 염산.

실험 방법

① 세 가지 물감, X,Y,Z(재료의 물감)의 5방울씩을 시험관에 넣고 잘 흔들어서 혼합물을 만든다.

② 다음과 같이 전개용매를 제조한다. 1-부탄올과 에탄올 및 2 M 암모니아 용액(60:20:20v/v)을 섞어서 분액깔대기에 넣고 약 5분 동안 잘 흔든 후 두 층으로 갈라지게 방치한 다음, 맨 위층의 용액을 사용한다.

③ 폭 2.5 cm, 길이 5 cm 정도의 TLC plate(실리카 젤)에 하단에서 약 1 cm의 거리에 연필로 하단과 평행한 선을 그은 뒤 모세관을 사용하여 각 물감 용액(기준 용액)1 방울씩과 물감의 혼합용액 1방울씩을 각각 묻혀서 판 하나에 지름이 약 1~2 mm 정도 되는 반점 2개를 만든다. 반점은 소량으로 두 번 찍어 만드는데, 반점이 너무 크면 전개된 후 각 성분들(X, Y, Z)이 겹칠 우려가 있다. 2개의 반점(기준 반점과 혼합물의 반점)이 있는 판 3개를 만든다.

④ 물감용액에 들어 있던 용매가 모두 증발하도록 약 1~2분간 방치한 다음, 이 판을 용매가 약 0.5 cm 길이로 들어 있는 전개용 병에 세워서 담가 놓고 뚜껑을 덮어 둔다.

⑤ 용매가 판을 따라 올라가서 판의 상단 근처에 다다르면 판을 꺼내어 말리고, 용매선을 그린다. 이 실험조건 하에서의 X, Y, Z의 R_f값을 구하고, 이것들이 물감들의 기준반점에서 얻은 R_f 값과 일치하는가 보시오. 판을 말린 다음 센 암모니아 용액의 증기를 쐬면 반점들이 더 선명해질 것이다.

⑥ 이러한 실험을 같은 물감과 그 혼합물을 써서 행하되 적어도 다음의 두 가

지 용매 중의 하나를 써서 반복한다.

(i) 1-부탄올, 아세트산, 물(60:15:25) (혼합물을 분액깔대기를 사용하여 잘 섞어서 맨 위층의 용액을 사용하도록 한다.

(ii) 톨루엔, 석유에테르(3:1)

C. 아미노산 혼합물의 분리

① 세 가지 아미노산 혼합물과 각개 시료를 TLC 하단에 3~4회씩 점적하고 HCl이 완전히 증발하도록 약 15분간 방치한다.

② 부탄올/아세트산/물(80:20:20 v/v)의 전개액으로 전개시킨다.

③ 전개된 TLC판을 건조시킨 후 닌히드린 용액을 뿌려주고 수분동안 열을 가하여 육안으로 반점을 확인할 수 있다.

실험 B2

얇은막 크로마토그래피

학과	학번	이름	실험 일자(년 월 일, 교시)

1. 측정값

A. 의약품분석

	순수용액 1	순수용액 2	순수용액 3
용액의 이동거리(cm)			
시료의 이동거리(cm)			
R_f			

	혼합용액		
	반점 1	반점 2	반점 3
용액의 이동거리(cm)			
시료의 이동거리(cm)			
R_f			
성분			

B. 물감분석

용매 \ 시료	X	Y	Z
	순수한 것, 혼합물	순수한 것, 혼합물	순수한 것, 혼합물
1-부탄올:에탄올:$NH_3(aq)$ (60:20:20)			
1-부탄올:에탄올:$NH_3(aq)$ (60:20:20)			
톨루엔: 석유에테르 (3:1)			

- **질문**

① 전개용매로 가장 널리 이용되는 헥세인, 에틸아세테이트 그리고 물의 극성을 비교하여 설명하시오.

② TLC 실험에서 반점이 전개용기에 있는 용매에 잠기면 안 되는 이유는 무엇인가?

실험 B3 종이 크로마토그래피에 의한 식용색소의 분리

실험 목적

거름종이 위에 반점으로 찍은 혼합물이 이동상인 전개액이 전개되는 동안 각 성분이 분리되는 종이 크로마토그래피에서 정지상 역할을 한 것이 무엇이며 분리 원리는 무엇인지 알아보고 이를 이용하여 식용 색소 시료를 분리한다.

실험 배경

TLC에서 사용되는 실리카겔의 정지상 판 대신 거름종이를 사용하는 종이 크로마토그래피(PC)에서는 거름종이가 정지상인 것 같으나 그렇지 않다. 종이는 히드록실기(–OH)를 가진 셀룰로오스로 이루어져 있어서 물에 대한 친화력이 대단히 크다. PC에 사용되는 전개액은 종이를 적시면서 모세관 작용으로 종이 섬유소를 통하여 이동한다. 어느 정도의 물을 포함시킨 유기용매를 전개액으로 사용하게 되면 물이 셀룰로오스 표면의 히드록실기와의 수소결합으로 부착되어 물 자체가 새로운 액체 정지상의 역할을 하게 되며, 여기에 시료분자가 전개액을 따라 올라오는 동안 정지상으로서의 물층과 전개액 중의 유기용매 간에 분배되며 이러한 분배 정도의 차이에 따라 시료의 분리가 이루어지게 된다.

이것은 TLC나 관 크로마토그래피에서 실리카겔 또는 알루미나 표면에서 전개액과 시료가 상호작용하는 현상과는 차이가 있다. 화합물들은 그 R_f 값을 비교함으로써 확인된다. 종이 크로마토그래피는 TLC의 경우와 마찬가지로 혼합물 중에서 어떤 화합물을 분리하여 많은 양을 얻으려는 정제용이라기보다는 반응화합물을 신속하게 정성분석할 수 있다는 것이 장점이다. 적은 양의 시료를 써서도 쉽고 빠르게 반응화합물을 정성적으로 분석할 수 있는 까닭에 종이 크로마토그래피는 TLC와 같이 유기화학자나 특히 생화학자들에게는 널리 이용되고 있다. 이 실험에서는 종이 크로마토그래피를 이용하여 식용, 의약용 및 화장품으로 사용되는 몇 가지 색소들을 분리하고자 한다.

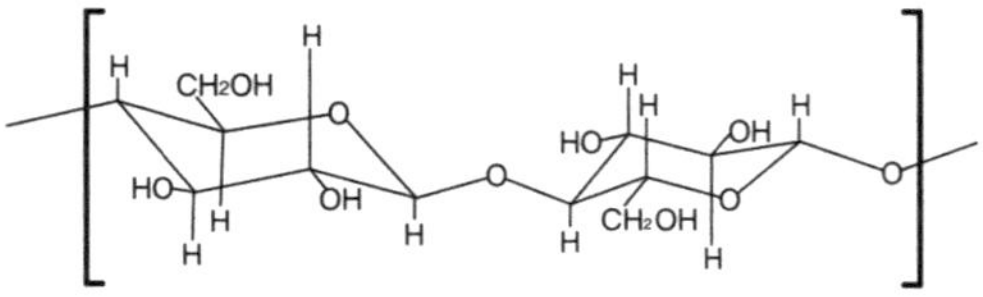

[그림 B3-1] 셀룰로오스의 구조

한편 현재 사용되고 있는 식용색소로는 보통 7종류가 식품에 첨가 되고 있다. 그것들은 적색 3호 s및 40호, 황색 4호 및 5호, 청색 1호 및 2호이며, 이들의 구조를 [그림 B3-2]에 나타내었다.

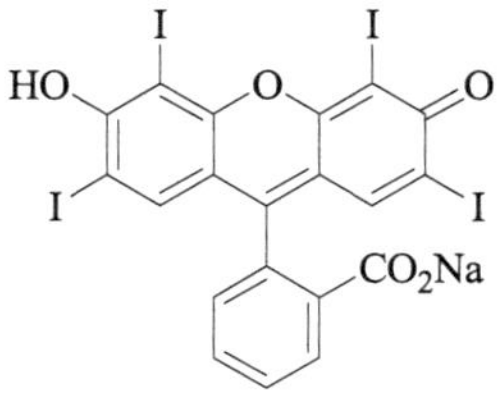

식용색소적색 3

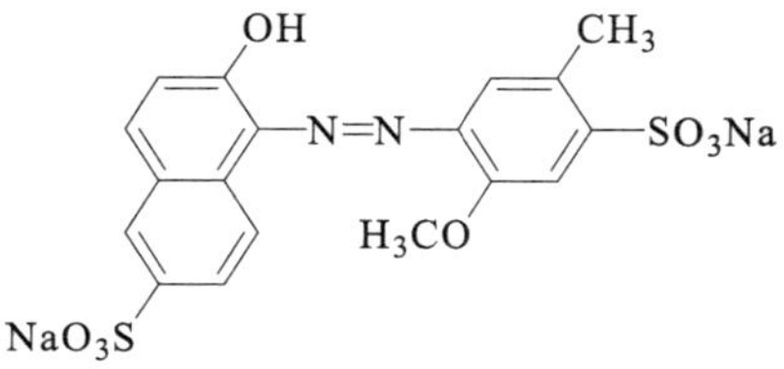

식용색소적색 40

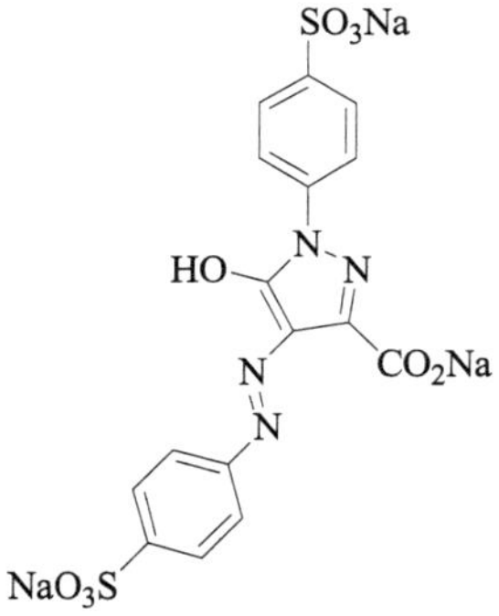

식용색소황색 4(tartrazine)

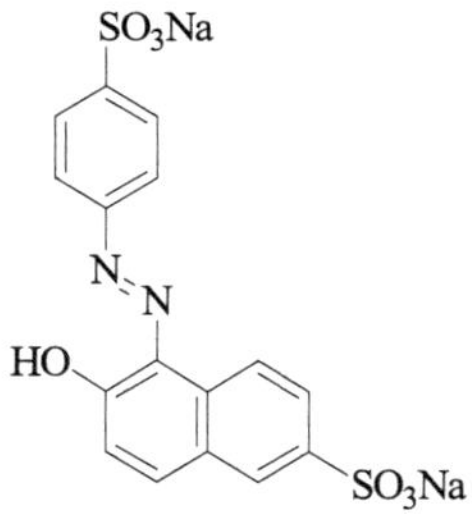

식용색소황색 5

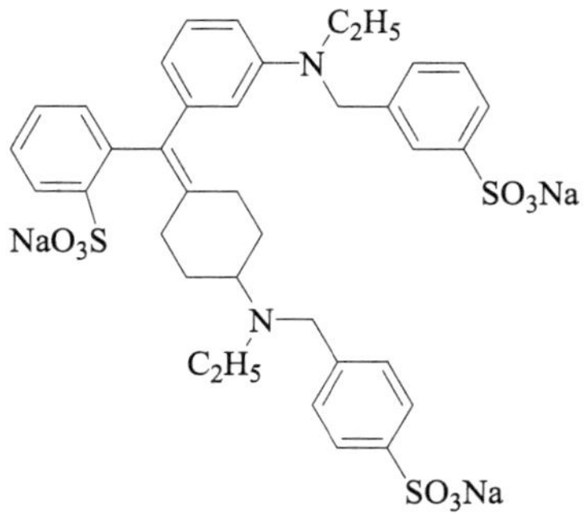

식용색소청색 1

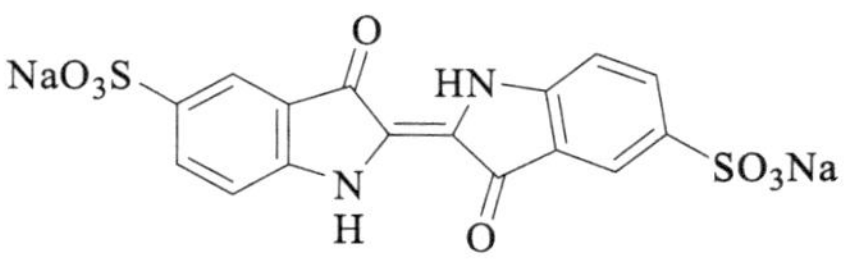

식용색소청색 2

[그림 B3-2] 식용 색소들의 구조

식품 중의 색소를 분리 및 확인하기 위해서는 추출 및 농축 과정이 있어야 한다. 그러나 PC를 이용하면 이러한 과정을 생략하고 간단히 R_f 값을 비교함으로써 색소의 존재여부를 알 수 있다. 이들의 구조를 살펴보면 벤젠 고리 및 헤테로 고리를 3개 이상 지닌 술폰산염으로 구성된다. 따라서 술폰산염은 물 층에, 벤젠 및 헤테로 고리 화합물은 유기용매 층에 분배되어 이들의 분배 정도에 따라 색소들의 분리가 이루어진다. 이 실험에서는 서로 구조가 유사한 적색 40호, 황색 5호, 청색 1호 및 녹색 3호를 시료로 이용하여 분석하고자 한다.

기구/시약

거름 종이(8.0 cm × 7.0 cm)
알루미늄 foil, 비커
증발접시
새알 쵸코렛(노랑, 초록, 오렌지, 빨강, 황색, 적갈색)
식용색소
모세관
1% tartrazine용액
전개액(물 : 진한 암모니아수 : 아세톤 = 80 : 10 : 10, 또는 1% NaCl 수용액)
전개병

실험 방법

① 가위로 8.0 cm ×7.0 cm 크기의 거름종이를 만든다.
② 밑에서 1 cm 높이에 연필로 7개의 점을 일정간격으로 찍는다. 이 때 양 옆에서 안쪽으로 1 cm는 띄운다.
③ 각 색소 혼합용액 마다 다른 이쑤시개를 사용하여, 각각의 용액을 연필로 점 찍은 곳에 반점을 찍는다. 반점의 크기는 3 mm 보다 크지 않게 하고, 여러 번 시도하여 점의 색이 진하게 한다. 이 때 각 반점이 번지지 않도록 다소 마른 후 그 위에 덧 찍도록 한다.
④ 남은 한 점에는 식용색소 4호인 tartrazine을 한번만 이쑤시개로 찍는다.
⑤ 250 ml 비커에 약 0.5 cm 높이로 전개 용액을 넣는다([그림 B2-1] 참조).

⑥ 전개지를 비커에 넣고 위를 증발접시 등으로 덮는다.

⑦ 전개액이 테잎 바로 밑까지 올라가면, 비커에서 꺼내고, 곧바로 용매선을 표시한다.

⑧ 전개지를 말린다.

⑨ 각 식용 샘플과 tartrazine용액에서 나타난 색을 기록하고 어떤 것이 식용색 소황색 4를 갖고 있는 지 알아 보고, R_f 값을 계산하시오.

실험 B3

종이 크로마토그래피에 의한 식용색소의 분리

학과	학번	이름	실험 일자(년 월 일, 교시)

1. 측정값

색소	R_f
노랑	
녹색	
오렌지	
빨강	
황색	
적갈색	

① 식용색소 4호의 R_f값

② 식용색소 4호가 포함되어있는 초콜렛

2. 질문

① 거름종이를 이루고 있는 주요성분인 셀룰로오스의 분자구조를 그리시오.

② 셀룰로오스는 헥세인과 물 중 어느 분자와 친화력이 더 큰지 설명하시오.

실험

B4 화합물의 실험식 구하기

실험 목적

화합물을 표기하는 화학식은 그 물질을 구성하고 있는 성분원소의 종류와 수로 나타낸다. 또한 화학식은 필요에 따라 여러 형태로 나타낼 수 있으므로, 본 실험에서는 화학식을 구하는 방법과 가장 간단한 실험식을 결정하는 방법을 익혀보자.

실험 배경

화학반응에 있어서, 원자는 쪼개질 수도, 새로 생성될 수도 없으므로(원자설) 화학반응 전후에 있어서 각 원소의 원자의 수(원자의 몰 수)는 같아야 한다. 따라서 반응 전후의 질량은 보존되며(질량 보존의 법칙), 화합물의 구성 원소 사이의 질량비가 일정하므로(일정성분비의 법칙), 완결된 화학 반응식으로부터 반응물질과 생성물질, 그리고 각 물질 사이의 질량비를 알 수 있다. 또한 기체들이 화학반응에 관여할 때 반응하거나 생성되는 기체들의 부피의 비는 간단한 정수의 비가 성립한다(기체반응의 법칙). 화학반응식은 위의 법칙들에 근거하여, 반응물질과 생성물질, 그리고 각 물질 사이의 질량비, 부피 비, 분자수 비 몰수 비를 나타내므로, 이를 이용하면 한 물질의 양으로부터 반응에 참여한 다른 물질의 질량, 부피, 몰 수 등을 구할 수 있다.

화학자들의 의사 전달 방법은 화학식이라고 하는 국제적으로 공인된 표기체계에 의해 다른 화학자들과 의사소통을 한다. 화학식은 분자를 구성하는 원자의 수와 종류를 표시하고, 많은 화합물에 대한 통속 명칭으로 옛날부터 사용되어 왔다. 각 화합물들은 그 화합물을 표현하는 독특한 화학식을 가지고 있다. 어떤 화합물의 화학식을 알면 그 화합물의 화학식량과 각 원소의 퍼센트 조성을 계산 할 수 있다. 다시 말해, 화합물의 화학식량과 각 원소의 퍼센트 조성을 계산할 수 있다. 다시 말해, 화합물의 가장 간단한 식, 즉 실험식을 얻기 위해서 그 화합물을 구성하고 있는 원소들의 g수를 각 원소의 원자량으로 나누면 몰수를 구할 수 있다.

예를 들면, 메탄의 연소 반응식

$$CH_4 + 2O_2 \rightarrow CO_2 + 2H_2O$$

에서 다음과 같은 양적 관계를 알 수 있다.

$$1분자\ CH_4 + 2분자\ O_2 \rightarrow 1분자\ CO_2 + 2분자\ H_2O$$

또는,

$$1몰\ CH_4 + 2몰\ O_2 \rightarrow 1몰\ CO_2 + 2몰\ H_2O$$

각각에 분자량을 곱해 주면

$$16\ g\ CH_4 + 64\ g\ O_2 \rightarrow 44\ g\ CO_2 + 36\ g\ H_2O$$

완결된 화학반응식은 반응물과 생성물사이에 양적인 관계를 나타내어 준다. 이 실험에서는 $CaCO_3$를 HCl(산) 존재 하에서 CO_2로 분해하는데 각각 다른 무게의 $CaCO_3$를 분해시켜 그 때 발생하는 CO_2의 무게를 측정하고, 반응한 $CaCO_3$ 몰수와 발생한 CO_2몰수가 완결된 화학 반응식에서의 계수비와 일치하는지 알아보고자 한다.

기구/시약

- 삼각 플라스크 4개
- 약수저
- 피펫
- HCl
- 전자저울
- 무게 다는 종이
- $CaCO_3$

실험 방법

① 무게 다는 종이에 $CaCO_3$를 1 g, 1.5 g, 2 g을 각각 정확하게 단다.

② 삼각 플라스크에 2 M HCl 용액 25 ml를 넣고 질량을 측정한다.
③ 삼각 플라스크를 저울에서 내려놓은 후, ①에서 측정한 $CaCO_3$ 1 g을 조금씩 가하면서 반응시킨다. 이때 용액이 밖으로 튀어나가지 않도록 유의한다.
④ 반응이 완전히 끝나면 다시 삼각 플라스크의 질량을 측정한다.
⑤ 같은 방법으로 $CaCO_3$를 1.5 g과 2 g을 각각 넣어 반응시키고 질량을 측정한다.

결과 처리

실험 결과를 가지고 반응한 $CaCO_3$를 몰수와 발생한 기체의 몰수를 구한 뒤 <화학 반응식에의 계수의 비> = <몰 비>가 되는지 확인한다.

실험 B4 화합물의 실험식 구하기

학과	학번	이름	실험 일자(년 월 일, 교시)

1. 측정값

	1회	2회	3회	4회	5회
$CaCO_3$의 무게					
HCl + 삼각 플라스크의 무게					
$CaCO_3$ + HCl + 삼각 플라스크의 무게					
반응 후 내용물 + 삼각 플라스크의 무게					
발생된 기체의 질량					

	반응한 $CaCO_3$의 몰 수	발생한 기체의 몰 수	간단한 정수비
1 회			:
2 회			:
3 회			:
4 회			:
5 회			:

2. 질문

① 이론적인 값을 찾아보고 이론적인 값과 측정값 사이의 오차를 계산해 보시오.

② 화합물의 실험식이 다르더라도 몰질량이 다를 수 있는 경우에 대해 생각해 보시오. 매우 큰 값의 차를 낼 경우도 있을 것이고 아주 적은 양 만큼의 차이가 있을 수도 있을 것임을 고려하여 각각의 경우에 대해서도 생각해 보시오.

실험 B5 아보가드로 수 결정

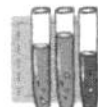

실험 목적

아보가드로 수(N_A)는 질량수가 12인 탄소 12 g에 들어있는 탄소원자의 수로 정의되며, 아보가드로 수 만큼의 원자나 분자를 1몰(mol, mole)이라 한다. 본 실험에서는 물위에 단층을 형성하는 기름막의 부피와 질량으로부터 탄소 원자의 크기를 계산하고, 탄소 12 g에 해당하는 원자 수를 계산함으로써 아보가드로 수를 계산하고자 한다.

실험 배경

아보가드로 수를 구하는 방법에는 여러 가지가 있으나, 본 실험에서는 단일 분자막을 구성하여 원자 한 개의 크기를 구하는 것으로 시작한다. 그 개요는 아래 그림과 같다.

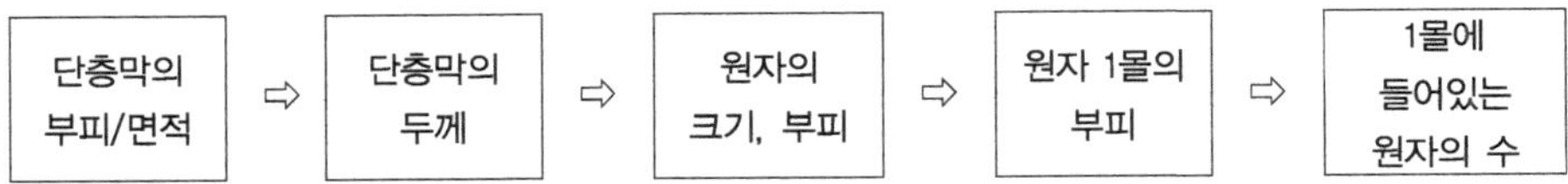

[그림 B5-1] 아보가드로 수 결정 실험 scheme

원자 1몰이 차지하는 공간(V_m)을 원자 한 개가 차지하는 공간(V_a)으로 나누어 주면 아보가드로 수를 얻을 수 있다.

$$N_A = \frac{V_m(\mathrm{cm^3/mol})}{V_a(\mathrm{cm^3/atom})} = \text{원자수}/\mathrm{mol}$$

탄소 1몰의 부피는 탄소 원자가 촘촘히 쌓여진 상태를 가정하므로, 탄소 1몰의 질량인 12.01 g/mol을 다이아몬드의 밀도인 3.51 g/cm^{3}로 나누면 탄소 원자 1몰의 부피(V_m)를 구할 수 있다.

탄소 원자 하나의 부피를 구하기 위해 본 실험에서는 스테아린산(stearic acid, $CH_3(CH_2)_{16}CH_3$을 이용한다. 그 구조는[그림 B5-2]와 같이 18개의 탄소가 선형 구조를 이루고 있다. 탄소들로 이루어진 긴 사슬 구조는 비극성이고 분자의 끝에 있는 카르복실기(-COOH)는 극성으로 물에 녹는다. 이러한 분자의 특성을 이용하여 표면적을 아는 물 위에 스테아린산을 떨어뜨리면[그림 B5-3]과 같이 비극성 부분은 비극성 부분끼리 뭉치고, 극성 부분인 카르복실기는 물 쪽을 향하게 되어 단층막(monolayer)을 형성한다. 단층막을 형성한 후 스테아린산을 더 가하면 분자가 둥근 모양의 집합체로 뭉치게 되기 때문에 단층을 이루었다는 것을 확인할 수 있다. 이 형상은 스테아린산 분자가 스테아린산 분자 위에 쌓이게 되기 때문이다.

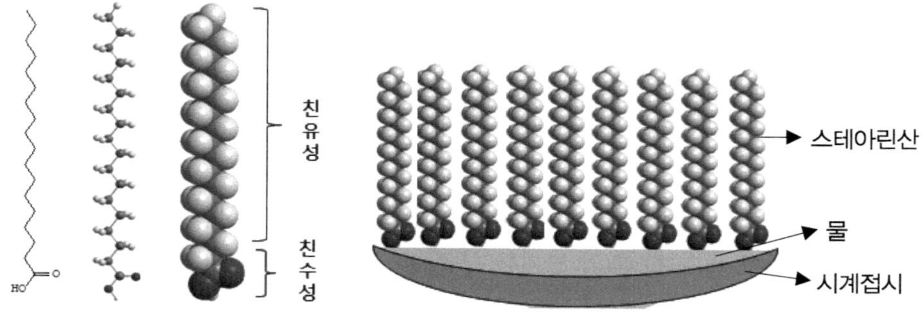

[그림 B5-2] 스테아린산의 구조　　[그림 B5-3] 단층막의 구조

물 표면의 면적과 단층막을 만든 스테아린산의 부피로부터 단층막의 두께를 계산할 수 있다. 이 두께는 스테아린산 분자의 길이와 같다고 볼 수 있으며, 스테아린산 분자는 18개의 탄소 원자가 연결되어 있으므로, 이들이 입방체라고 가정하면 탄소 원자의 길이는 스테아린산 분자의 길이를 18로 나눈 값이 된다. 따라서 모서리의 길이의 세제곱은 탄소 원자의 부피가 된다.

기구/시약

시계접시 2개	증류수
1 ml 피펫 2개	헥산

100 ml 비커 2개
피펫 휘러
자

스테아린산
헥산 용액(0.12~0.15 g/L)
세척액(0.1 M NaOH + 1:1 메탄올/물 용액)

실험 방법

1. 피펫 보정

① 1 ml 피펫으로 헥산용액 1 ml를 취한다.
② 수직으로 세워 붙잡고 비커에 방울방울 떨어지게 하면서 1 ml가 몇 방울인지 센다.
③ ②의 과정을 여러 번 하여 오차가 4~5방울 이내가 되도록 평준화 한다.

2. 표면을 덮는데 필요한 스테아린산 용액 부피 측정

① 시계접시를 세척액에서 꺼내 증류수로 깨끗이 닦고 물기를 없앤 후, 직경을 측정한다.
② 시계접시의 가장자리까지 증류수를 가득 붓는다. 볼록하게 표면이 올라올 때까지 붓도록 한다.
③ 보정한 피펫을 스테아린산으로 여러 번 씻는다.
④ 스테아린산을 방울방울 표면에 떨어뜨리면서 방울 수를 센다. 이 때 피펫은 수직으로 한다. 한 방울씩 떨어뜨리면서 5~10초씩 기다린다.
⑤ 단막층이 거의생길 무렵에는 스테아린산이 표면에 퍼지는 속도가 느려진다. 단막층이 다 생기면 스테아린산은 더 이상 퍼지지 않고 물표면에 그대로 머물게 되어, 마치 콘택트렌즈와 같아진다. 이 렌즈 모양이 더 이상 없어지지 않고 10초 이상 머물면 용액 1방울을 더 떨어뜨린 후 종료한다.
⑥ ④~⑤ 과정을 한 번 더 반복한다. 단 시계접시는 새로이 세척액에서 꺼내어 사용한다.

결과 처리

① 피펫의 한 방울 부피를 계산한다.
② 물표면을 덮는데 필요한 스테아린산의 부피를 계산한다.

③ ②의 부피에 해당하는 무게를 계산한다. 스테아린산의 밀도는 0.97 g/ml이다.
④ 단막층의 넓이는 시계접시의 직경으로부터 구한다.
⑤ 단막층의 두께는 위의 스테아린산의 부피를 시계접시의 면적으로 나누어 구한다.
⑥ 탄소원자의 크기는 스테아린산의 단막층 두께가 18개의 탄소가 쌓여 이루어졌다고 가정하고 계산한다.
⑦ 탄소원자 하나의 부피(cm^3/개)는 탄소를 작은 육면체로 가정하고 원자직경의 세제곱, $V=x^3$으로 구한다.
⑧ 탄소 1몰의 부피(cm^3/mol)는 탄소 1몰의 질량 12.01 g/mol을 다이아몬드 밀도 3.51 g/cm^3로 나누어 구한다.
⑨ ⑦과 ⑧에서 나온 값을 이용하여 아보가드로수, 원자의 개수/mol의 값을 구할 수 있다.

실험

B5 아보가드로 수 결정

학과	학번	이름	실험 일자(년 월 일, 교시)

1. 피펫의 보정

	1st	2nd
1.0 ml를 구성하는 헥산의 방울수		
한 방울의 부피		

2. 물 표면을 덮는데 필요한 스테아린산 용액 부피(밀도= 0.97 g/ml)

	1st	2nd
표면을 덮는데 필요한 방울 수		
표면을 덮는데 필요한 부피		
표면을 덮는데 필요한 무게		

3. 스테아린산 단막층의 두께

	1st	2nd
시계접시의 직경		
단막층의 넓이		
단막층의 두께(부피/넓이)		

4. 탄소원자 1개의 부피와 아보가드로 수

	1st	2nd
원자의 1개의 크기(직경)(두께/18)		
원자의 1개의 부피($V=x^3$)		
탄소 1몰의 질량	12.01 g/mol	12.01 g/mol
탄소의 밀도(다이아몬드)	3.51 g/cm^3	3.51 g/cm^3
탄소 1몰의 부피(= 12.01 g/mol ÷ 3.51 g/cm^3)		
아보가드로 수(개수/mol)(=1몰의 부피 ÷ 1개의 부피)		

• **질문**

① 실험에 오차는 어디서 유래한 것이겠는가?

② 탄소원자 1몰과 다이아몬드 1몰의 부피를 비교하시오.

③ 스테아린산 대신 올레산과 같이 이중결합을 가진 분자를 사용하면 실험이 어떻게 되겠는가?

실험 B6

산소의 제조와 기체상수

실험 목적

염소산칼륨이나 질산칼륨과 같은 물질을 높은 온도에서 가열하여 산소를 발생시키고 발생된 산소의 부피와 가열한 물질에서 감소된 산소의 질량을 측정하고, 이상기체 상태방정식에서의 기체상수를 구해 본다.

실험 배경

기체는 압력(P), 부피(V), 온도(T), 몰수(n) 사이의 관계를 이상기체 상태 방정식으로 표현할 수 있다.

$$PV=nRT$$

이 때 R은 기체상수로 기체의 상태를 표현할 때나, 열역학적인 표현을 할 때 필요한 정수이다. 본 실험에서는 화학 반응에 의해 산소를 발생시키고, 그 압력과 부피를 측정하고, 반응 결과로 생성된 산소의 질량으로부터 위의 상태방정식을 이용하여 R 값을 구하고자 한다.

우선 염소산칼륨이나 질산칼륨 등을 열분해시켜 산소를 발생시킨다. 이 때 MnO_2를 정촉매로 사용하여 염소산칼륨을 분해하면 분해 속도를 더욱 증가시킬 수 있으며, 온도가 높을수록 산소는 더욱 빠른 속도로 발생한다.

$$2KClO_3 \xrightarrow{MnO_2} 2KCl + 3O_2$$

발생한 산소 기체의 양은 가열 후 $KClO_3$와 MnO_2의 질량 감소와 같으므로 이 값을 측정하고, 이것을 산소의 분자량으로 나누면 발생된 산소의 몰수(n)를 구할 수 있다. 분해된 산소는 병 안의 물을 밖으로 밀어냄으로써 산소의 부피

(V)를 측정할 수 있다. 시약병에는 산소 기체와 함께 수증기가 포함되어 있으므로, 산소의 부분압력(P_{O_2})을 측정할 때에는 포집 온도에서의 수증기의 부분압력을 보정해 주어야 한다. 즉, 산소의 부피를 표준조건으로 보정할 때 쓰는 산소의 압력은 전체 압력에서 물의 증기압을 빼 주어야만 한다.

기체의 전체 압력(P_{total}) = 산소의 부분압(P_{O_2}) + 수증기의 부분압(P_{H_2O})

온도에 따른 물의 증기압은 다음 [표 B6-1]과 같다.

표 B6-1 온도에 따른 물의 증기압

온 도 (℃)	증기압 (mmHg)	온 도 (℃)	증기압 (mmHg)
−10(얼음)	1.0	16	13.6
−5	3.0	17	14.5
0	4.6	18	15.5
5	6.5	19	16.5
10	9.2	20	17.5
15	12.8	21	18.6
22	19.8	45	71.9
23	21.1	50	92.5
24	22.4	60	149.4
25	23.8	70	233.7
26	25.2	80	355.1
27	26.7	90	525.8
28	28.3	100	760.0
29	30.0	110	1,074.6
30	31.8	150	3,570.6
35	42.2	200	11,659.2
40	55.3	300	64,432.8

기구/시약

시험관(지름 25 mm)
유리관
실리콘 고무관
클램프
핀치콕
고무마개 2개
온도계
알코올램프

250 ml 비커
500 ml 기체 포집병
100 ml 메스실린더

염소산칼륨
이산화망간 소량

실험 방법

① 약 0.3 g의 $KClO_3$와 소량의 MnO_2를 시험관에 넣고 무게를 정확히(0.01 g까지) 측정한다. 이 때 코르크 받침대를 이용하면 편리하다. $KClO_3$와 MnO_2는 건조시킨 것을 사용하며, 건조 방법은 도가니에 시약을 넣은 후 가열하여 수분을 제거하거나, 오븐에 넣어 밤새 건조시키는 것이다.

② 포집병에 꽂힌 짧은 유리관에 물이 닿지 않도록 물을 채우고 유리관이 꽂혀 있는 고무마개를 덮는다. 마개에 연결된 두 개의 유리관 중 긴 관은 비커 쪽으로, 짧은 관은 기체가 생성되는 시험관 쪽으로 연결되어야 한다.

③ 유리관 A와 고무관에 물을 채운 후(클램프를 열고 B를 조금 불어 물이 흐르도록 함), 클램프로 막는다.

④ 시험관 장치를 연결한다. 시료가 시험관 벽에 넓게 퍼지는 것이 좋으나 마개에 닿으면 폭발할 위험이 있으니 주의하여야 한다.

⑤ 마개나 유리관 연결부위가 새지 않는지 확인한다. 장치는[그림 B6-1]과 같다.

[그림 B6-1] 기체 생성 장치

⑥ 비커에 물을 조금 넣어두고 유리관 끝은 담그고 클램프를 연다.

⑦ 비커를 높여서 비커 안쪽 수면 높이가 집기병 안의 수면 높이와 같게 하고

클램프를 막은 후 비커 안의 물을 버리고 건조 시킨다. 이것은 집기병 안의 압력을 대기압과 같게 하기 위함이다.

⑧ 마른 비커를 실험대 위에 놓고 클램프를 연다. 물이 비커로 흘러나오지만 장치에 새는 곳이 없다면 물이 곧 멎게 되고 관 A 안에는 물이 차 있게 된다. 만일 이렇게 되지 않으면 장치에 새는 곳이 있다는 것을 뜻하므로 새는 곳을 찾아서 막고 실험을 다시 시작한다.

⑨ 비커에 흘러나온 물은 그대로 비커 안에 둔다. 실험이 끝난 후 병 안팎 물의 수면을 맞출 때에 이 물이 병으로 다시 들어가게 될 것이다.

⑩ 시험관의 밑 부분을 가열하여 기체가 일정한 속도로 발생하게 한다(기체 발생 속도는 비커에 나오는 물의 흐름으로부터 알 수 있다). 기체 발생속도가 지나치게 느릴 경우 가열 속도를 증가시키고 산소가 더 이상 발생하지 않을 때까지 가열을 계속 한다. 산소가 새어 나가지 않도록 주의하여야 하고, 온도가 너무 빠르게 올라가면 산소의 발생이 급격히 증가하여 폭발할 위험이 있기 때문이다. 따라서 만일의 위험상황을 대비하여 보안경을 반드시 착용하여야 한다.

⑪ 장치가 실온으로 식을 때까지 그대로 놓아두고 식힌다.

⑫ 비커 안의 수면과 병 안의 수면이 같아지게 한 후 클램프를 막는다. 눈금 실린더를 사용하여 비커 안으로 들어온 물의 부피를 측정한다. 이것이 곧 생성된 산소의 부피이다.

⑬ 시험관을 장치로부터 떼어내고 그 무게를 정확하게 측정한다. 이 무게와 실험시작 전에 측정한 무게와의 차이는 생성된 O_2의 무게와 같다.

⑭ 생성된 산소의 부피를 표준조건으로 보정한다. 산소 기체가 물로 포화되어 있으므로 물의 증기압력에 대한 보정을 반드시 실시해야 한다.

⑮ 온도 및 대기압을 기록하고 시간 여유가 있을 경우 실험을 반복한다.

결과 처리

반응 후 질량차로부터 발생된 산소의 몰수를 구한다. 발생된 산소의 부피는 비커 안의 물의 부피와 같다. 집기병의 온도가 산소 기체의 온도이므로 절대온도로 변환하여 사용한다. 집기병의 압력 즉 1기압은 수증기압과 산소 분압의 합이므로 산소만의 분압을 이상기체 상태방정식에 사용한다. 얻은 데이터로부터, 발생된 산소의 몰수와 기체 상수 값을 계산한다.

주의사항

① 염소산칼륨을 가열할 때 한 지점만 가열하지 말고 불꽃을 골고루 옮겨서 가열한다.
② $KClO_3$의 녹는점은 368.4℃이고 400℃에서 분해하기 시작하여 산소를 발생한다. 하지만 촉매로써 사용되는 MnO_2를 섞으면 200℃에서 분해가 시작된다.
③ 실험 전 클램프가 열려있는지를 반드시 확인해야 한다.
④ 시험관을 식힐 때는 물이 역류하지 않을 때까지만 허용한다.

실험 B6 산소의 제조와 기체상수

학과	학번	이름	실험 일자(년 월 일, 교시)

1. 측정값

산소의 몰수	가열 전 시험관의 무게(g)	
	가열 후 시험관의 무게(g)	
	발생된 산소의 무게(g)	
산소의 부피	(L)	
산소의 온도	(K)	
산소의 부분압	대기압(mmHg)	
	물의 증기압(mmHg)	
	산소의 부분압(mmHg)	

2. 질문

① 실험을 통해 측정한 기체상수와 이론값의 오차는 몇 % 인가?

② 본 실험에서 오차를 일으킨 요인들을 찾아보시오.

실험

B7 이상기체상태방정식을 이용한 분자량 측정

실험 목적

화합물의 기본 단위인 분자량 측정은 물질의 상태나 물질의 분자량 크기, 또는 물성에 따라 여러 가지 방법을 이용할 수 있다. 본 실험에서는 기체의 상태방정식을 이용하여 미지시료의 분자량을 측정하고자 한다.

실험 배경

화합물의 고유한 성질을 나타내는 기본 단위는 분자(molecule)이며, 분자 내에는 여러 개의 원자들이 공유결합하고 있다. 분자의 1몰(mole, mol)질량을 분자량(molecular weight, MW)이라 하며, 원자간 이온결합으로 이루어진 화합물의 화학식 1몰질량은 화학식량(formular weight)이라 한다.

분자량을 측정하는 방법에는 질량측정기(mass spectrometer) 외에 일반 실험실에서도 측정이 가능한 방법들이 있다. 어는점 내림, 끓는점 오름, 삼투압, 비점도, 기체비중 측정에 의한 것들이다. 본 실험에서는 기체의 상태방정식을 이용하여 기체분자의 분자량을 측정하고자 한다. 대부분의 기체는 상온, 상압 하에서 이상기체 상태방정식을 만족하기 때문에 기체의 부피(V), 온도(T), 압력(P)과 질량(m)을 측정하면 분자량(MW)을 아래와 같이 구할 수 있다.

$$PV = nRT$$

$$n = \frac{m}{MW}$$

미지의 액체 시료를 플라스크에 넣고 상온, 상압 하에서 기화시킨 후 그 때의 부피(V), 압력(P), 온도(T), 질량(m)을 측정하여 분자량을 계산한다.

기구/시약

가열기구
중탕기
알루미늄 포일
고무밴드
100 ml 둥근 플라스크
100 ml 눈금 실린더
2 ml 피펫, 피펫 필러
온도계
코르크 받침대
액체 시료

실험 방법

① 완전히 건조된 100 ml 둥근 플라스크에 알루미늄 포일로 뚜껑을 가능한 한 작게 만들어 씌우고 고무밴드로 고정시킨다. 알루미늄 뚜껑에 바늘로 작은 구멍을 뚫는다[그림 B7-1(a)].

② 둥근 플라스크, 알루미늄 뚜껑, 고무밴드의 무게를 측정한다. 이 때 코르크 받침대를 이용한다.

③ 피펫을 이용해 약 2 ml 정도의 미지 시료를 둥근 플라스크에 넣고 뚜껑을 덮고 밴드로 고정시킨다.

④ 가열기구에 물을 반쯤 넣은 중탕기를 올려놓는다.

⑤ 클램프로 플라스크를 고정시켜 중탕기 안에 위치하게 한다[그림 B7-1(b)]. 이 때 플라스크의 위치를 어떻게 해야 할 지 각 조가 상의 하도록 한다. 온도계는 클램프에 매달아 고정시키고, 가열을 시작한다.

⑥ 가열이 시작하고 플라스크 내의 액체가 모두 증발할 때까지 기다린다. 이 때 냉각 후 덧씌울 알루미늄 포일 뚜껑을 준비한다.

⑦ 플라스크 내부의 액체 시료가 모두 사라지는 순간, 플라스크를 꺼내어 준비한 알루미늄 뚜껑으로 막은 후 실온으로 냉각시킨다. 이 작업은 빠른 속도로 진행하여야 한다.

⑧ 액체가 모두 기화하였을 때 물의 온도와 대기압을 기록한다.

⑨ 둥근 플라스크의 물기를 완전히 닦아내고 건조시킨다. 냉각된 플라스크의 무게를 측정하여, 앞서 ②에서 측정된 값과 비교하여 응축된 액체 질량을 구한다.

⑩ 플라스크를 세척한 후 증류수를 채운 후 눈금 실린더를 이용하여 플라스크

의 부피를 측정한다.

(a)

(b)

[그림 B7-1] (a) 알루미늄 뚜껑을 씌운 100 ml 둥근 플라스크
(b) 시료를 담은 플라스크를 중탕기에서 가열

결과 처리

미지 시료의 분자량을 측정하고, 추정할 수 있는 화합물의 분자식을 써보시오. 추정한 분자의 이론적 분자량과 비교하여 오차를 계산하시오.

표 B7-1 몇 가지 액체 시료의 분자량

시료	분자량(g/mol)	시료	분자량(g/mol)
메탄올(CH_4O)	32.04	헥산(C_6H_{14})	86.17
에탄올(C_2H_6O)	46.07	에틸아세테이트 ($C_4H_8O_2$)	88.10
아세톤(C_3H_6O)	58.08	톨루엔(C_7H_8)	98.41
디에틸에테르($C_4H_{10}O$)	74.12	사염화탄소(CCl_4)	153.81

실험 **B7**

이상기체상태방정식을 이용한 분자량 측정

학과	학번	이름	실험 일자(년 월 일, 교시)

1. 측정 결과

(플라스크+뚜껑+밴드)의 질량	
액체가 완전히 기화된 순간의 온도	
액체가 완전히 기화된 순간의 (플라스크+뚜껑+밴드+응축된 액체)의 질량	
응축된 액체의 질량	
플라스크의 부피	

2. 분자량 계산

P =

V =

m =

R =

T =

3. 질문

① 유추한 분자의 분자량과 오차가 얼마나 되는가? 그 오차를 줄이기 위해 할 수 있는 방법들을 나열하여 보시오.

② 본 실험에서 대부분의 기체들이 이상기체 상태방정식에 따른다고 가정하였지만 실제로는 그렇지 않다. 그 이유를 설명하고, 이상기체로 작용할 수 있는 조건을 제시하여 보시오.

실험 **B8**

용해도 및 분별 결정

 실험 목적

용해도와 분별결정의 개념을 이해하고, 용해도 차이를 이용하여 혼합물을 분리한다.

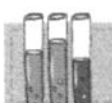 실험 배경

용해도(solubility)는 일정 온도에서 용매 100 g 중에 녹을 수 있는 용질의 g 수를 말하며 이 값은 용매와 온도에 따라서 다르다.

용해도를 결정하려면 정해진 온도에서 용해도를 측정할 물질의 포화용액을 만든다. 그리고 이 포화용액의 일정량을 취하여 증발시킨 다음 남은 것의 무게를 달아서 용매의 일정량에 녹는 물질의 양으로 결정한다.

온도에 따르는 용해도의 변화는 용질에 따라서 다르다. 예를 들면 낮은 온도에서는 KCl이 NaCl보다 덜 녹지만 온도가 높아지면 반대로 된다. 즉, 온도가 증가할수록 용해도 상승률이 KCl의 경우가 훨씬 크다. 이 관계를 이용하여 염(salt)을 분리하고 정제할 수 있다. 예를 들면 50 g의 KCl과 30 g의 NaCl이 물 100 g에 녹아 있는 용액을 100°C로부터 냉각하기 시작하면 약 70°C 부근에서 KCl이 침전하기 시작한다([그림 B8-1] 참조).

온도가 0°C에 이르면 약 20 g의 KCl이 결정으로 되어 나온다. 이온도에서 NaCl의 용해도가 35 g/100 g H_2O이므로 처음에 녹인 30 g의 NaCl은 그대로 용액에 남는다. 이 용액을 거르면 순수한 KCl을 얻을 수 있다. 이때 중요한 불순물은 용액으로부터 나온다. 이와 같은 과정을 분별결정(fractional crystallization)이라 한다. 이 과정은 화학실험에 중요한 것이다. 이 KCl을 필요한 최소량보다 약간 많은 양의 끓는 물에 녹이고(20 g의 KCl을 35 ml의 물에 녹임), 0°C로 냉각하여 거르면 정제할 수 있다. 재결정할 때 그 물질의 일부가 용액에 남으므로 완전히 회수할 수는 없다.

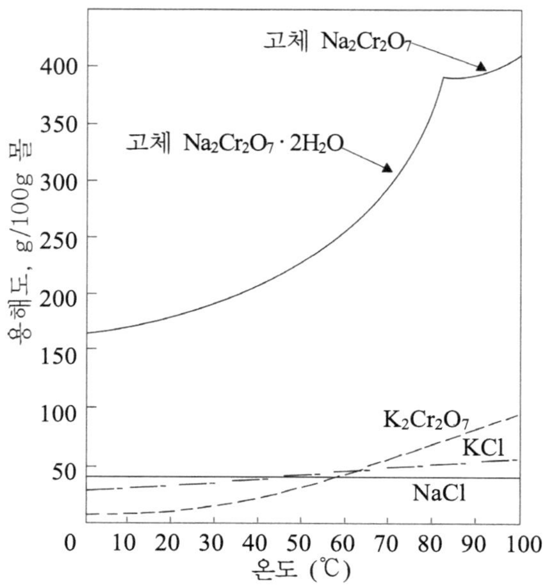

[그림 B8-1] 몇 가지 화합물의 온도에 따른 용해도 곡선

맨 처음 KCl을 거른 액 중에는 물 100 g 당 약 30 g의 NaCl이 녹아 있다. 이 용액을 끓여서 물의 약 절반을 증발시키면 끓는 물에서의 NaCl의 용해도가 한도에 이르게 되어 침전이 생긴다. 용액을 지나치게 농축하여 KCl도 침전하게 해서는 안 된다.

뜨거운 용액을 거르면 NaCl의 침전을 얻을 수 있고, 그것을 재결정하여 정제할 수 있다. NaCl의 용해도가 온도의 영향을 거의 받지 않으므로 100°C의 물에 녹아 있던 NaCl의 대부분이 0°C의 용액 안에 그대로 남아 있다. 이러한 경우, 재결정의 효율을 높이기 위해서 *conc*-HCl을 차가운 용액에 가하면 NaCl 침전을 더 많이 얻을 수 있다.

이 실험에서는 중크롬산나트륨($Na_2Cr_2O_7$)과 염화칼륨(KCl)을 물에 녹여, K^+, Na^+, Cl^-, $Cr_2O_7^-$ 이온을 포함하는 용액을 만든다. 그러면 용해도의 차이 때문에 $K_2Cr_2O_7$과 NaCl이 생긴다. 이때 이것들은 재결정법으로 정제할 수 있다.

몇 가지 물질의 온도에 대한 용해도를 [표 B8-1]에 나타내었다. 실험을 시작하기 전에 이 값들을 준비한 그래프 용지에 표시하시오. 그러면 이 실험을 할 때 이 그래프를 참조하면 실험절차를 이해하는 데 도움이 될 것이다. 그리고 그래프를 그릴 때 4개의 화합물을 각각 다르게(실선, 점선, 색깔 등)표시하시오.

표 B8-1 몇 가지 염의 온도에 따른 물에 대한 용해도(g/100 g H_2O)

온도(℃)	NaCl	KCl	$Na_2Cr_2O_7 \cdot 2H_2O$	$K_2Cr_2O_7$
0	35.7	27.6	143	5
20	36.0	34	178	12
40	36.6	40	223	26
60	37.3	45.5	280	43
80	38.4	51.5	376	61
100	39.8	56.7		80

1. 재결정법에 사용되는 용매를 선택하는 방법

① 시료중에 포함되어 있는 불순물과 시료 자체가 용매에 완전히 녹아야 한다. 녹지 않는 물질들은 여과를 통하여 간단히 제거할 수 있다.

② 시료를 녹일 때 너무 과량의 용매를 사용하지 말아야 한다. 과량의 용매를 사용하면 재결정하는 데 어려움이 따르고 결정이 얻어지지 않거나 수득률을 높이기 위해서 몇 번의 동일한 과정을 거쳐야 하므로 시간적, 경제적 손실이 따른다.

③ 용질과 불순물에 대한 온도 계수가 맞아야 한다. 즉, 정제하고자 하는 물질은 이상적으로 뜨거운 용매에서는 완전히 녹고 차가운 용매에서는 다소 불용성인 반면, 불순물은 차가운 용매 속에서도 적절한 용해도를 가져야 한다.

2. 재결정법 7단계 과정

① 용매를 선택한다.

② 선택한 용매에 용질을 녹인다.

③ 만약 용액이 불필요한 색을 띤다면 활성탄(charcoal) 등으로 탈색한다.

④ 만약 용매에 녹지 않는 고체가 있다면 여과하여 분리한다.

⑤ 용질을 결정화한다.

⑥ 결정을 모으고 세척한다.

⑦ 결정을 건조한다.

 기구/시약

100 ml 및 250 ml 비커
Buchner 깔때기
감압거름 플라스크
아스피레이터
$Na_2Cr_2O_7 \cdot 2H_2O$
KCl
HNO_3
$AgNO_3$
CH_3COCH_3(아세톤)

참고 사용하거나 생성된 화합물의 화학식량

$Na_2Cr_2O_7 \cdot 2H_2O$: 297.998 g/mol
KCl : 74.551 g/mol
$K_2Cr_2O_7$: 294.184 g/mol
NaCl : 58.443 g/mol

 실험 과정

① 물 6.5 ml가 채워진 100 ml 비커에 $Na_2Cr_2O_7 \cdot 2H_2O$ 9 g을 넣고 고체가 완전히 녹을 때까지 유리막대로 저으며 가열한다.

② 250 ml 비커에 5 g의 KCl을 넣고, 12.5 ml의 물을 가한 후 가열하여 고체를 완전히 녹인다.

③ ①번과 ②번에서 만든 두 용액을 뷰흐너 깔때기를 사용하여 감압 플라스크에 받은 다음 플라스크 속의 용액을 얼음물로 냉각한다. 침전이 생기기 시작하면 약 3~4분간 계속 플라스크를 흔들며 냉각한다.

④ 석출된 $K_2Cr_2O_7$ 결정을 감압장치를 써서 걸러내고 이 결정을 보관하였다가 나중에 재결정한다. 감압 플라스크 내의 용액은 NaCl과 미량의 $Na_2Cr_2O_7$을 포함하고 있다(용해도표를 참고하여 거른 액에 $Na_2Cr_2O_7$이 대략 몇 g 남아 있는가를 계산하여 기록한다).

⑤ 이 용액을 250 ml 비커에 옮기고 약 2~3 cm 길이의 유리관 두 조각을 넣고 가열하여 농축시킨다. 원래 부피의 1/4정도로 농축되면 NaCl 결정이 석출된다(이때 용액이 튀지 않도록 잘 저어준다).

⑥ 뜨거운 상태의 농축용액을 거르면 NaCl의 침전을 얻을 수 있고, 플라스크에 침전이 생기면 다시 걸러서 거름종이와 함께 모아 아세톤으로 씻는다.

⑦ 이렇게 얻은 NaCl을 시험관에 넣고 마개를 막은 다음 라벨을 붙인다. 플라스크 속의 용액을 수돗물로 식히면 다시 $K_2Cr_2O_7$의 침전이 생긴다. 위와 같은 방법으로 걸러서 먼저 보관한 $K_2Cr_2O_7$과 합한다. 완전히 마르지 않은 상태에서 그대로 무게를 잰다.

⑧ 이때 물의 무게를 5%로 가정, 전체 무게에서 5% 뺀 값을 시료무게로 하여 결과를 기록한다. $K_2Cr_2O_7$의 재결정은 용해도 곡선을 참고하여 100°C에서 녹이는데 필요한 최소한의 물의 양을 계산한다. 계산된 양의 물을 100 ml 플라스크에 넣고 완전히 녹을 때까지 가열한 후, 플라스크에 마게를 막고 냉각하여 결정을 석출시킨다. 정제된 결정의 순도는 다음과 같이 조사한다.

주의

- NaCl에 섞인 노란색의 $K_2Cr_2O_7$ 불순물을 눈으로 관찰한다.
- $K_2Cr_2O_7$은 이 실험에서 얻은 고체 소량을 10 ml의 증류수에 녹이고, 1 ml의 6 N 질산을 가하여 섞은 다음 $AgNO_3$ 용액 4~5방울을 첨가한다. AgCl의 침전이 생기면 Cl^-가 있다는 증거이다.
- 용액을 증발시킬 때 용액이 튀는 것에 주의한다.
- $Na_2Cr_2O_7$과 $K_2Cr_2O_7$의 용액을 함부로 버리지 않는다.

실험
B8 용해도 및 분별 결정

학과	학번	이름	실험 일자(년 월 일, 교시)

1. 측정값

사용한 $Na_2Cr_2O_7 \cdot 2H_2O$의 질량	
사용한 KCl의 질량	
재결정 후의 $K_2Cr_2O_7 \cdot 2H_2O$의 질량	
반응식으로부터 계산한 $K_2Cr_2O_7 \cdot 2H_2O$의 질량	
$K_2Cr_2O_7 \cdot 2H_2O$의 수득률	

2. 질문

① 수득률이 좋지 않다면 그 이유를 설명하여 보시오.

② $K_2Cr_2O_7 \cdot 2H_2O$에 있는 불순물을 측정할 때 $AgNO_3$ 용액을 넣어 확인한다. 이 반응의 알짜 이온 반응식을 쓰시오.

실험

B9 반응열 측정

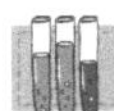 실험 목적

화학 반응의 결과로 발생하는 열을 측정하는 방법으로, 열량계의 열용량을 측정하고 반응 결과 온도 변화로부터 반응열을 몰당 에너지, 엔탈피로 계산해 본다.

실험 배경

화학반응에 수반되는 에너지의 변환으로 엔탈피에 대한 개념을 배웠다. 반응이 일어나는 동안 흡열 또는 발열이 일어날 수 있으며, 엔탈피(ΔH)는 흡열 반응의 경우 양의 값(+)을, 발열 반응의 경우 음의 값(−)을 갖는다. 열에너지의 흐름은 반응 과정에서 온도의 변화로 측정할 수 있다. 그러나 전체 반응기의 열용량에 따라 에너지의 흐름에 따른 온도 변화가 다를 수 있음을 상기해야 한다. 즉, 상온에서 시작해서 70℃로 덥혀진 0.5 L의 주전자 물은 40℃로 덥혀진 욕조의 물에 비해 온도는 높으나 들어간 에너지의 양은 적다.

실험에서 열에너지의 변화를 측정하기 위해 열량계(calorimeter)를 사용한다. 이것은 온도를 측정할 수 있는 단열 장치로 계와 주위를 차단한다.

반응 경로에 따라 다른 열량과 경로와 무관한 상태함수인 엔탈피(반응열)과의 관계는 일정한 압력하에서 일어나는 열의 변화를 엔탈피로 정의한다.

$$q_p = \Delta H$$

본 실험에서는 산-염기 반응에 대한 중화열을 측정하고 반응 엔탈피를 계산한다.

• 비열과 열용량

비열은 물질 1 g을 1℃ 올리는 데 필요한 열량이며, 열용량은 주어진 양의 물질의 온도를 1℃ 올리는 데 필요한 열량이다. k라서 비열의 단위는 J/g℃이며, 열용량의 단위는 J/℃이다. 따라서 비열 s(J/g℃)인 물질 m(g)을 온도 ΔT(℃) 만큼 올리려면 필요한 열량 q(J)는 아래와 같이 계산된다.

$$q = m \times s \times \Delta T$$

열용량 C(J/℃)이 질량 m(g)과 비열 s(J/g℃)의 곱으로 나타낼 수 있으므로 다르게 표현될 수도 있다.

$$q = C \times \Delta T$$

참고로 물의 비열은 4.184 J/g℃이다. 열량의 단위로 자주 쓰이는 것 중 칼로리가 있으며, 1 cal = 4.184 J이다. 즉 1 cal은 물 1 g을 1℃ 올리는 데 필요한 열량이 된다.

기구/시약

350 ml 보온병	아이스버켓
고무마개	얼음
온도계	증류수
눈금 실린더(50 ml와 100 ml)	2.0 M HCl
100 ml 비커	2.0 M NaOH 수용액

실험 방법

1. 열량계의 열용량 구하기

① 100 ml 비커에 얼음을 넣고 증류수를 부은 후 충분히 냉각시킨다.

② 열량계로 사용될 보온병의 열용량을 측정한다. 200 ml의 증류수를 넣고 온도를 꽂은 마개를 덮고 일정한 온도에 도달하면 온도(T_{dw})를 읽는다.

③ ①에서 준비한 얼음물로 50 ml 눈금 실린더를 헹군 후 20 ml를 취한 후 온도(T_{ice})를 읽는다. 이것을 보온병에 붓고 온도계로 조심스럽게 저은

후 뚜껑을 바로 덮는다. 20초 쯤 후에 온도(T_{f1})를 측정하여 기록한다.

2. 중화열 측정

① 보온병을 실온의 증류수로 한 번 헹군 후 깨끗이 비우고, 2.0 M HCl 용액 200 ml를 넣고 온도(T_{HCl})를 측정한다.

② 2.0 M NaOH 용액 20 ml를 취해 온도(T_{NaOH})를 측정한 후 보온병에 재빨리 넣고 온도계로 조심스럽게 저은 후 뚜껑을 바로 덮는다. 최고 온도(T_{f2})를 측정한다.

결과 처리

증류수와 보온병이 잃은 열량과 얼음물이 얻은 열량이 같으므로, 증류수의 온도변화와 물의 비열로 열량계의 열용량을 계산한다.

증류수가 잃은 열량 + 보온병이 잃은 열량 = 얼음물이 얻은 열량

이로부터 열량계의 열용량(C)가 계산될 수 있다.

산-염기 반응에서는 두 실온 상태에서의 산과 염기가 반응하며 잃은 열이 용액과 열량계의 온도 증가로 나타났으므로 반응열은 다음과 같이 구할 수 있다.

중화열 = 용액이 얻은 열 + 열량계가 얻은 열

중화열을 사용한 반응물의 몰수로 나누어 주면 몰당 반응열, 즉 엔탈피가 구해진다.

주의사항

온도 측정이 주요 관건이므로 빠른 시간에 측정할 수 있도록 모든 준비를 한 후 반응을 시작하여야 한다.

실험

B9 반응열 측정

학과	학번	이름	실험 일자(년 월 일, 교시)

1. 열량계의 열용량 측정

증류수의 온도(T_{dw}, ℃)	
얼음물의 온도(T_{ice}, ℃)	
최종온도(T_{f1})	
증류수의 양(g, 밀도 = 1 g/ml)	
증류수가 잃은 열량	
얼음물의 양(g, 밀도 = 1 g/ml)	
얼음물이 얻은 열량	
열량계가 잃은 열량	
열량계의 열용량	

2. 중화열 계산

HCl의 온도(T_{HCl}, ℃)	
NaOH의 온도(T_{NaOH}, ℃)	
최종온도(T_{f2})	
용액이 얻은 열량	
열량계가 얻은 열량	
중화열	
반응 결과 생성된 물의 몰수	
엔탈피(J/mol)	

3. 질문

① 닫힌계와 단열계의 차이를 비교하시오.

② 실험장치의 단열 상태는 어떠했는가? 만일 만족스럽지 않았다면 어떤 부분을 개선할 수 있겠는가?

③ 중화반응에 사용된 산과 염기의 농도가 높은 것과 낮은 것 중 어떤 것이 반응열 측정하는데 유리하겠는가? 그 이유를 설명하시오.

실험

B10 산 염기 적정

실험 목적

농도를 알고 있는 표준용액을 이용하여 미지 시료용액 속의 염기(또는 산)의 양을 산출하고 정확한 농도를 측정한다.

실험 배경

수용액 중에서 산과 염기가 반응하면 정량적으로 중화되어 염과 물이 생성된다. 예를 들면 다음과 같은 반응을 쓸 수 있다.

$$HCl + NaOH \rightarrow NaCl + H_2O$$

$$H_2SO_4 + Ca(OH)_2 \rightarrow CaSO_4 + 2H_2O$$

완전한 중화반응은 총 H_3O^+ 이온과 그와 같은 몰수의 OH^- 이온과의 반응이다.

• **적정**(Titration)

적정은 농도를 알고 있는 용액(적정시약)을 뷰렛으로부터, 분석하려는 물질의 용액(분석시약)에 가하여, 적정시약에 포함된 물질이 분석시약과 반응하도록 한다. 적정을 할 때에는 분석 대상 물질과 완전히 반응할 때까지 적정시약이 가해지는데, 이 적정이 완결되는 점을 당량점(equivalent point) 또는 화학양론적 종말점(stoichiometric end point)이라 한다. 이 점은 흔히 지시약이라 부르는 화학물질을 적정하기 전에 반응 용액에 넣어주어, 당량점이나 또는 그 부근에서 색 변화가 일어나는 것으로 알 수 있다. 지시약(indicator)의 색이 실제로 변화하는 점을 적정의 종말점(end point)이라 한다. 이상적으로는 종말점과 화학양론적 종말점이 일치하는 지시약을 선택하여야 한다.

분석하려는 시약이 산 또는 염기를 포함하는 경우에는 적정시약이 센염기 또는 센산이 된다. 이 과정을 산-염기 적정이라고 한다. 산-염기 적정에서 알짜 반응은 다음과 같다.

$$H^+(aq) + OH^- \rightarrow H_2O(l)$$

적정 시 당량점에서는 H^+와 OH^-의 몰수가 같으므로 다음과 같은 등식이 성립된다.

H^+의 몰수 = $N_{산}V_{산}$ = OH^-의 몰수 = $N_{염기}V_{염기}$
$N_{산}$, $N_{염기}$: 각각 산과 염기의 노르말 농도
$V_{산}$, $V_{염기}$: 각각 중화시키는 데 필요한 산 또는 염기의 부피

노르말 농도는 용액 1 L당 용질의 당량수, 즉 몰수×(분자당 H^+ 또는 OH^- 이온수)이다.

이 실험에서는 표준 적정시약을 만드는 방법과 중화적정의 기본조작을 습득하고, 또 미지시료의 농도를 중화적정으로 결정하도록 한다.

- **지시약**

1. **센 산과 센 염기의 중화**
   당량점은 pH 7이며 당량점 전 후에서는 적정액의 아주 작은 양에 의해서도 pH 변화가 대단히 크기 때문에 pH 4~10에서 변색하는 지시약을 쓴다. 예를 들면, 메틸레드(붉은색 4.2~6.3 노란색), 메틸오렌지(붉은색 3.1~7.9 노란색), 페놀프탈레인(무색 8.0~10.0 분홍색) 등을 사용한다.

2. **약한 산과 센 염기의 중화**
   적정 결과 생기는 염이 가수 분해되어 알칼리성을 나타내므로 당량점은 pH > 7이다. 따라서, 보통 pH 7~10에서 변색하는 지시약을 쓴다. 예를 들면 페놀프탈레인(무색 8.0~10.0 분홍색), 티몰프탈레인(무색 9.3~10.5 푸른색) 등을 사용한다.

3. **센 산과 약한 염기의 중화**
   생성된 염의 가수분해로 인하여 당량점은 pH < 7이므로 pH 3~7에서 변색되는 지시약을 사용한다. 예를 들면 메틸오렌지(붉은색 3.1~7.9 노란색), 콩

고레드(푸른색 3.0~5.2 붉은색), 메틸레드(붉은색 4.2~6.3 노란색)를 쓴다.
여러 종류의 지시약에 대한 변색범위는 부록 E3에 수록하였다.

기구/시약

뷰렛(25 ml)
삼각플라스크(250 ml)
비커(250 ml)
용량플라스크(100 ml)
옥살산(oxalic acid)
수산화나트륨(NaOH)
식초
페놀프탈레인 용액
피펫(10 ml, 25 ml)

실험 방법

1. 표준 옥살산 용액의 제조

① 옥살산 0.5 N 용액 100 ml 만드는데 필요한 옥살산($C_2H_2O_4 \cdot 2H_2O$)의 무게를 계산하시오.

② 이 값을 정확히 측정하여 100 ml 용량플라스크에 옮긴다. (고체의 일부가 바깥에 떨어지지 않도록 조심하고 만일의 경우를 생각하여 용량플라스크 밑에 깨끗한 종이를 깔아 둔다.)

③ 처음에 약 25 ml 정도의 증류수를 넣고 녹인 다음 용량플라스크의 눈금까지 증류수를 채우고 완전히 녹인다.

④ 이 용액의 노르말 농도를 계산하여 표시하여 둔다.

2. 표준 수산화나트륨 용액의 제조

① 약 2 N의 NaOH액 20 ml에 80 ml의 증류수를 가하고 마개를 한 다음 잘 흔든다(이 2-3 N 용액의 농도는 정확한 값이 아니므로 농도결정(standardization)을 해야 한다).

② 뷰렛을 증류수로 잘 씻고 그 다음 약 5 ml의 NaOH 용액으로 씻는다.

③ 씻은 액은 버리고 다시 뷰렛에 용액을 윗 눈금을 넘어설 정도로 채우고 뷰렛 끝에 공기의 기포가 남지 않도록 용액을 조금 흘려 내린다.

④ 메니스커스(meniscus)를 “0” 눈금이나 그 밑으로 맞추시오. 시작되는 눈

금을 기록한다.

⑤ 옥살산 용액 20 ml를 250 ml 삼각 플라스크에 넣고 페놀프탈레인 (phenolphthalein) 지시약을 2-3방울 가한 다음 산에 NaOH 용액을 떨어뜨려서 적정한다. 처음에는 빨리 가한다. 플라스크를 항상 흔들면서 젓는다. 용액이 분홍색을 1-2초 유지하면 종말점(end point)이 가까워진 것이므로 다음부터는 NaOH를 천천히 가하여야 한다.

⑥ 용액의 색이 더 오래 유지되면 NaOH 용액을 한 번에 한 방울씩 떨어뜨려 마지막 한 방울이 떨어진 뒤에 용액 전체가 분홍색이 되어 그 색이 적어도 20초 동안 지속할 때까지 한 방울씩 떨어뜨린다.

⑦ 마지막 한 방울이 색의 변화를 가져오도록 한다. 그 때 뷰렛의 눈금을 읽고 기록한다. 적정을 되풀이하고 NaOH 용액의 노르말 농도를 계산하시오. 두 결과가 2% 이내에서 서로 일치하지 않으면 적정을 되풀이하여야 한다.

3. 식초 중의 아세트산 농도 결정

① 시중에서 팔고 있는 식초 20.00 ml를 피펫으로 정확하게 취한다.

② 100 ml 용량 플라스크에 옮기고 증류수로 눈금까지 묽게 한 다음 마개를 막고, 잘 흔들어서 섞는다.

③ 이 용액 10.00 ml를 피펫으로 정확하게 취하여 250 ml 삼각 플라스크에 옮겨 넣는다.

④ 증류수 30 ml를 가한 다음 페놀프탈레인 지시약 2-3방울 가하여 앞의 2에서 농도를 결정한 수산화나트륨 표준용액으로 적정한다.

⑤ 2회 반복한다.

⑥ 식초 중 아세트산의 노르말 농도를 계산한다.

주의사항

① 적정할 때, 플라스크 밑바닥에 흰 종이를 받치는 것이 색을 확인하기 쉽다.

② 용액의 색이 변할 때는 적정액을 한 방울씩 천천히 떨어뜨려야 한다.

실험

B10 산 염기 적정

학과	학번	이름	실험 일자(년 월 일, 교시)

1. 측정값

0.5N 옥살산용액 100 ml 만드는데 필요한 옥살산 무게	
옥살산의 당량수	
옥살산 용액의 부피	
적정에 사용한 NaOH 용액의 부피	
결정된 NaOH 농도	

실험	1	2	평균
옥살산 용액 적정에 사용한 NaOH 용액 부피			
앞에서 결정된 염기의 노르말 농도			
취한 묽은 식초의 부피			
묽은 식초 적정에 사용한 NaOH 용액 부피			
묽은 식초 중의 초산의 노르말 농도			

2. 질문

① 옥살산의 구조를 그리시오.

② 옥살산의 일차, 이차 산 평형상수를 고려하여 아세트산과의 산성도를 비교하시오.

실험

B11 포도주의 알코올 함량 분석

 실험 목적

포도주와 같은 알코올성 음료를 증류하여 보고, 이렇게 얻은 증류액의 밀도를 측정하여 음료내의 알코올의 함량을 구해본다. 이로부터 혼합물 분석 방법 중 증류 방법과 밀도 측정 기술을 체득한다.

 실험 배경

정량분석은 다양한 분야에서 사용되고 있는 중요한 분석화학과정이다. 대상물질을 구성하는 성분을 분석하는 것은 정성분석이며, 그 구성성분들의 양을 결정하는 것이 정량분석이다. 물과 알코올(에탄올 또는 에틸알코올), 설탕, 그리고 향료 등으로 구성되어 있는 포도주내의 알코올의 함량을 결정한다면, 이는 정량적인 분석과정이라 할 수 있다.

물질의 정량적인 분석은 녹는점, 밀도, 일정한 온도 및 파장에서의 굴절률, 흡수 스펙트럼(IR, UV/Visible), 비전도도와 같은 물리적 성질을 측정하거나 탄소, 수소, 질소 등의 원소 분석을 통하여 가능하다. 그러나 물질의 정량적인 분석을 하기 전에 정제를 해야 하며, 일반적으로 이용되는 정제법은 증류법, 재결정법, 추출법, 크로마토그래피법 등으로 나눌 수 있다.

물과 기름의 혼합물은 극성의 차이에 의해 서로 잘 섞이지 않고 밀도의 차이에 의해 층을 이루기 때문에 쉽게 분리할 수 있지만, 물과 에탄올의 혼합물과 같이 서로 잘 섞이는 액체들은 밀도의 차이로 분리할 수가 없으므로 끓는점의 차이를 이용해서 분리한다. 순수한 액체를 충분한 열로 가열하면 액체의 온도 증가에 따라 증기압은 증가하게 된다. 증기압과 대기압이 같아지게 되면 액체의 내부에서 기포가 발생하며, 끓는 현상이 일어나고 액체가 모두 기화될 때까지 액체의 온도는 일정하게 유지된다. 액체의 끓는점(boiling point, bp)은 압력에 따라 달라지며, 대기압이 1기압일 때의 끓는점을 "정상 끓는점"이라고 한다.

끓는점의 차이가 큰 액체 혼합물을 가열하면, 끓는점이 낮은 성분이 먼저 끓어 기체로 증발되며, 이 기체를 냉각시키면 순수한 액체를 얻을 수 있다. 이어서 끓는점이 높은 성분이 기화되어 나오므로 혼합물로부터 각 성분의 액체를 분리해낼 수 있다. 이와 같은 분리법을 증류법이라고 한다. 즉, 증류할 물질의 증기압이 1기압이 되도록 가열하여도 분해되지 않는 비교적 안정한 물질을 순수하게 정제하거나, 비휘발성 물질을 포함하는 균일 혼합물 중 한 물질을 분리하는데 가장 간편하게 사용되는 방법이 증류법이다.

혼합물의 성분들의 일부를 분리하는 증류방법과 이렇게 분리된 용액(증류액)을 이루는 성분의 함량을 결정하기 위한 밀도측정의 과정을 거쳐 포도주를 분석한다. 포도주가 단순히 물과 에탄올로 이루어져 있다면 밀도를 측정함으로써 알코올의 함량을 결정할 수 있으나, 포도주가 가지고 있는 설탕 등의 성분에 의해 포도주의 밀도는 물과 에탄올의 단순 혼합물일 때와 비교하여 크게 다르다.

더욱이 에탄올과 물의 혼합물은 다른 액체의 혼합물과는 다소 다른 성질을 지니고 있다. 물 분자와 에탄올 분자 모두 수소 결합이 가능한 것들로 혼합물 상태에서 물 분자와 에탄올 분자간의 결합으로 인해 같이 끓어 나오는 불변끓음 혼합물(azeotrope)을 형성한다. 따라서 순수한 에탄올의 증류 온도가 아닌 공비점에서 증류되어 나온다. 이 증류액의 밀도를 측정하여 아래 표의 데이터를 이용하여 증류된 혼합물 내의 알코올 질량 %를 구해 본다.

표 B11-1 에탄올-물의 밀도

에탄올의 질량 %	혼합물의 밀도 (g/ml)	에탄올의 질량 %	혼합물의 밀도 (g/ml)
0.05	0.997	24.0	0.963
1.00	0.996	28.0	0.957
2.00	0.995	32.0	0.950
3.00	0.993	36.0	0.943
4.00	0.991	40.0	0.935
5.00	0.989	44.0	0.927
6.00	0.988	48.0	0.916
7.00	0.986	52.0	0.910
8.00	0.985	56.0	0.900
9.00	0.983	60.0	0.891
10.00	0.982	64.0	0.882
12.00	0.979	68.0	0.872
14.00	0.977	72.0	0.863
16.00	0.974	76.0	0.853
18.00	0.971	80.0	0.844
20.00	0.969	100.0	0.789

기구/시약

250 ml 가지달린 둥근바닥 플라스크	냉각기
150 ml 삼각플라스크 25 ml와 100 ml	온도계
눈금 실린더	가열판 주어진 알코올 함량의 포도주
아답터	(또는 다른 알코올성 음료)
클램프 저울	미지 알코올 함유 용액(2~20%질량)

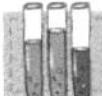

실험 방법

① 건조한 100 ml 비커의 무게를 소수점 3자리까지 읽는다. 정제하지 않은 포도주의 일부를 25 ml 눈금실린더에 따른 후, 0.1 ml까지 부피를 읽는다. 이로부터 정제하지 않은 포도주의 밀도를 계산하고, 위의 표를 이용하여 에탄올의 질량 %를 추정한다.

② 50 ml의 포도주를 가지달린 플라스크로 흐르지 않도록 주의하면서 옮긴다.

③ 증류장치는 [그림 B11-1]과 같이 설치한다. 냉각기의 바깥 측면에 있는 입출구를 통하여 냉각수가 들어오고 배수되도록 한다.

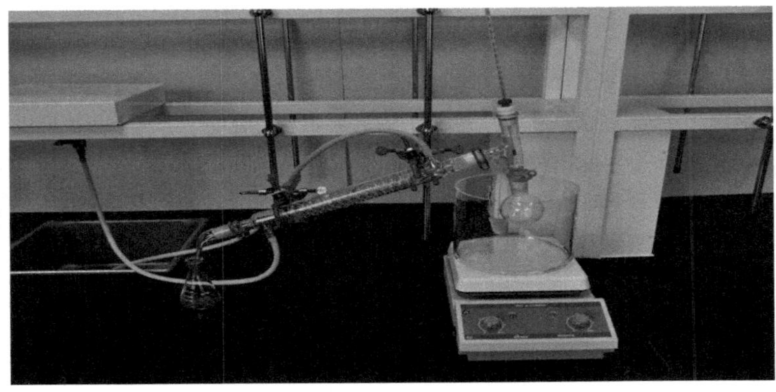

[그림 B11-1] 증류장치

④ 전기가열맨틀이나 가열판에 물중탕기를 이용하여 증류 플라스크에 있는 포도주를 천천히 가열하면서 발생되는 증기의 온도를 관찰한다. 알코올은 물보다 낮은 온도에서 끓기 때문에 초기에 온도가 약 80℃에 이르고 유지될 것이다. 증류 플라스크 내에 있는 포도주는 계속 끓게 되고, 알코올이 분리

됨에 따라 포도주내의 알코올의 양이 줄어들게 된다.

⑤ 증류액이 나오다가 한 동안 증류를 멈추면 공비혼합물의 증류가 완료되었다고 판단한다. 이 상태에서 모든 알코올이 약간의 물과 함께 증류되었다고 가정할 수 있다(증류액의 양은 약 25 ml 이하).

⑥ 증류가 완료되면 가열을 멈추고 냉각기 내의 잔류 증류액이 150 ml 삼각플라스크로 옮겨지도록 한다.

⑦ 증류액의 밀도를 측정하기 위하여 25 ml 눈금실린더에 증류액의 일부를 옮긴 후, 부피를 0.1 ml의 정밀도로 정확히 측정한다. 이 샘플의 질량을 0.001 g의 정밀도로 측정한다.

⑧ 위의 밀도 측정을 두 번 수행한다. 미지의 시료나 다른 알코올성 음료에 대하여 동일한 과정의 실험을 반복할 수 있다.

 결과 처리

측정한 증류액의 부피와 질량을 이용하여 증류액의 밀도를 계산한 후, 상기한 표를 이용하여 에탄올의 질량 %를 결정한다. 이 때 결과처리는 몇 번의 측정 결과 평균을 보고하도록 한다.

주의사항

① 증류액을 옮기는 도중에 발생하는 손실을 최소화하여 실험치의 정확도를 높이기 위해 증류액 전체를 눈금실린더로 옮겨서 측정하지 않는다.

② 물과 에탄올의 혼합률은 기체상과 응축된 상의 조성이 같아지는 불변끓음 혼합물(azeotrope)의 상태가 되는 온도를 갖는다. 따라서 증류법으로는 순수한 에탄올을 얻을 수 없다. 1기압 하에서 95% 에탄올의 끓는점이 78.2℃이다.

실험 B11 포도주의 알코올 함량 분석

학과	학번	이름	실험 일자(년 월 일, 교시)

1. 측정값 :

		1회	2회
증류하기 전 포도주	질량		
	부피		
	밀도		
증류한 후 증류액	질량		
	부피		
	밀도		

① 증류액을 받은 온도

② 증류에 소요된 시간

2. 질문

① 증류하는 동안 온도가 변화하는 이유는 무엇인가?

② 보통 포도주의 도수는 14%로 이것은 부피 퍼센트에 해당한다. 앞의[표 B11-1]을 참고로 50 ml의 포도주 안에는 실제 존재하는 알코올의 부피와 질량을 구하시오. 단 에탄올과 물의 결합은 무시한다.

③ 각 조에서 구한 증류액의 밀도와 에탄올의 질량 %로부터 알코올의 도수(부피 %)를 구해 보시오.

실험
B12 어는점 내림에 의한 분자량 측정

실험 목적

용액의 총괄성에서 묽은 용액의 경우 Rault의 법칙에 따라 어는점 내림과 용질의 몰랄농도는 비례한다는 것을 알고, 계산된 농도로부터 용질의 분자량을 구할 수 있다.

실험 배경

용액의 증기압에 대한 체계적인 연구를 수행한 프랑스의 물리학자 F. M. Rault에 따르면 용액에서의 용매의 증기압(P_A)은 순수한 용매의 증기압(P_A^o)과 용액 중의 용매의 몰분율(x_A)의 곱과 같다. 즉,

$$P_A = x_A \times P_A^o$$

비휘발성 용질이 휘발성 용매에 녹아있는 용매에서는 증기압이 감소하고, 따라서 어는점내림현상과 끓는점 오름 현상이 일어난다.

묽은 용액에서는 Rault의 법칙을 따르며, 어는점 내림은 용질의 몰랄농도에 비례한다. 즉 다음과 같은 식으로 표시 할 수 있다.

$$\Delta T_f = K_f \times m$$

여기서 $\triangle T_f$는 어는점 내림 즉 순수한 용매의 어는점과 묽은 용액의 어는점의 차이를 나타내며 , K_f는 몰랄 어는점 내림 상수, 그리고 m은 용질의 몰랄농도를 표시한다. 몰랄농도는 용매 1 kg 당 용질의 몰수 이므로, S는 1 kg당 용질의 무게를 g단위로 표시한 것이며 M은 용질의 분자량을 나타낸 것이라면 몰랄농도와 어는점 내림은 아래와 같이 쓸 수 있다.

$$m = \frac{S}{M}$$

$$\Delta T_f = \frac{S}{M} \times K_f$$

K_f는 용질의 종류에 관계없이 하나의 용매에 대하여 일정한 값을 가지므로 무게를 알고 있는 용질을 용매에 녹여서 ΔT_f를 측정함으로써 실험적으로 용질의 분자량을 결정할 수 있다.

어는점을 결정하기 위해서는 시간에 대한 온도변화를 그래프 상에 표시해 보면 알 수 있다. 어는점에서는 시간이 변하더라도 온도는 일정한 값에 머무르게 된다.

표 B12-1 몇 가지 용매에 대한 몰랄 어는점 내림 상수, K_f

물 질	정상 어는점 (℃)	K_f (℃ × kg/mole)
나프탈렌	80.2	−6.9
벤 젠	5.51	−5.12
사이클로헥산	6.5	−20.2
H_2O	0.0	−1.86

기구/시약

시험관(지름 25 mm)
나프탈렌 5 g
250 ml 비커
유황 0.1 g
온도계
전열기
초시계
고무마개
시약스픈
칭량지 2장

실험 방법

① [그림 B12-1]과 같이 실험 장치를 설치하고, 육안으로 온도계의 온도가 70℃인 지점을 확인할 수 있게 한다.

② 전자저울을 사용하여 미리 칭량지를 올린 후 영점을 조절하고 칭량지위에 5 g의 나프탈렌을 소수점아래 둘째 자리까지 정확하게 측량한다.

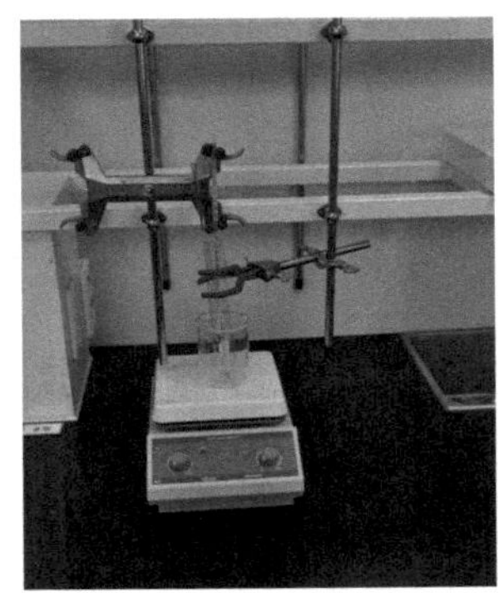

[**그림 B12-1**] 어는점 내림 측정 장치

③ 실험②의 나프탈렌을 시험관의 벽에 닿지 않게 조심스럽게 넣어준다.

④ 나프탈렌이 녹을 때까지 물중탕기를 가열하여 나프탈렌의 온도가 85℃이상 이 되면 가열을 중단하고 계속해서 저으면서 냉각시킨다.

⑤ 85℃부터 시작하여 나프탈렌의 온도가 72℃로 떨어질 때까지 10초당 한 번 씩 온도를 측정하여 시간과 온도를 기록한다.

⑥ 정확한 결과를 얻기 위하여 실험방법 ④, ⑤번의 과정을 한 번 더 반복하여 기록한다.

⑦ 전자저울을 사용하여 0.1 g의 황을 측정한다.

⑧ 물중탕기로 나프탈렌을 가열하여 나프탈렌을 녹이고 ⑦에서 준비된 황을 용해된 나프탈렌에 넣고 녹을 때까지 맹렬히 저어준다(황이 잘 녹지 않으면 시험관의 온도계와 젓개장치를 떼고 직접 불꽃에서 뿌연 것이 사라질 때까지 가열하여 녹여준 다음에 1분정도 기다린 후에 온도계와 젓개장치를 꼽고 온도를 측정한다).

⑨ 실험⑧의 나프탈렌과 황을 실험 ⑤와 동일하게 측정한다.

결과 처리

각각의 실험에서 측정한 시간별 온도의 결과를 토대로 시간을 x축으로 하고 온도를 y축으로 하여 그래프를 그려 다음의 결과를 계산한다.

① 시간(x축)과 나프탈렌의 온도(y축)를 그래프로 그려보고, 순수한 나프탈렌의

어는점을 구한다.

② 시간(x축)과 (나프탈렌+황)의 온도(y축)를 그래프로 그리고, 용액의 어는점을 구한다.

③ 위의 결과를 이용하여 나프탈렌 1 kg당 황의 몰수를 구한다.

④ 사용한 나프탈렌과 황의 질량으로부터 나프탈렌 1 kg당 황의 질량을 계산한다.

⑤ ③과 ④의 결과로부터 황 분자의 몰 질량을 구하고 용액 중 황의 분자식을 구한다.

주의사항

실험이 끝난 후 실험에 사용하였던 나프탈렌을 중탕기를 사용하여 녹인 후에 실험테이블 배수구에 버리지 말고 별도의 준비된 병에 조심스럽게 쏟아 버린다.

실험
B12
어는점 내림에 의한 분자량 측정

학과	학번	이름	실험 일자(년 월 일, 교시)

1. 측정값

① 나프탈렌 무게 :

② 85℃~72℃ 까지 10초당 나프탈렌의 온도 :

시간	온도	시간	온도	시간	온도	시간	온도

③ 황 무게 :

④ 85℃~72℃ 까지 10초당 나프탈렌+황의 온도 :

시간	온도	시간	온도	시간	온도	시간	온도

2. 질문

① 순수한 물질은 좁은 온도 범위에서 순간적으로 녹는다. 순수한 나프탈렌의 어는점을 측정할 때 문제점이 무엇이었는가? 보고된 어는점과는 어떤 차이가 있는가?

② 황을 첨가한 후 녹는 점 측정이 정확히 이루어지려면 어떤 조치를 취해야 하겠는가?

실험

B13 전기 화학 (Electrochemistry)

실험 목적

1. 개개의 물질들은 전자를 잃거나 얻는데 제각기 다른 경향성을 지닌다. 이러한 성질을 이용하여 몇몇 금속들의 상대적인 반응성(산화전위)을 비교한다.
2. 분해전압보다 높은 전압을 걸어주고 전류를 통하면 전기분해가 발생하여 산화전위가 큰 금속이 석출됨을 확인한다.

실험 배경

화학전지(electrochemical cell)에서와 같이, 일반적으로 산화전위가 큰 금속 A를 산화전위가 작은 금속 B의 염용액에 담그면, B금속이 A금속의 표면에 석출하고 석출량과 같은 당량의 A금속이 산화되어 이온으로 변하면서 용액 속으로 녹아들어간다. 그러나 반대로 A금속의 염 용액에 B금속을 담그면 반응이 일어나지 않는다. 예를 들면, 황산아연 용액에 철판을 담그면 화학변화는 일어나지 않는다. 이 실험을 통하여 금속들의 산화전위로써 표현될 수 있는 상대적인 반응성을 비교할 수 있다.

한편, 철판을 음극으로 비활성금속 또는 아연판을 양극으로 하여 일정 전압(분해전압)보다 높은 전압을 걸어주고 전류를 통하면 철판에 금속 아연이 석출한다. 이와 같이 외부에서 알맞은 전압으로 전류를 통하여 주어 전극 표면에서 전해질이 화학 변화가 일어나게 하는 것을 전기분해(electrolysis)라고 한다. 이 때 석출되는 물질의 무게는 통해준 전기량에 비례하며, 일정한 전기량에 의해 석출되는 물질의 무게는 그 물질의 당량에 비례한다. 이 법칙을 Faraday의 법칙이라고 한다. 1그램당량의 물질을 전기분해하는 데는 96500쿨롱의 전기량이 필요한데 이 전기량을 1패러데이(F)라고 부르며, 이것은 전자 1몰에 해당하는 전기량이다. 그러므로 전기 분해실험에서 생성되는 물질의 무게는 그 물질의 당량과 통해준 전기량(Faraday수)으로부터 구할 수 있으며, 또한 이와 반대로 통해준 전기량은 생성된 물질의 당량수로부터 계산할 수 있다.

기구/시약

Cu판
Fe판
Zn판 2개
Pb판
Ni판
알루미늄 호일
0.5 M $CuCl_2$
1.0 M $Cu(NO_3)_2$
1.0 M $Zn(NO_3)_2$
1.0 M $Pb(NO_3)_2$
1.0 M $Ni(NO_3)_2$
0.1 M $ZnSO_4$
시험관 12개
비커(100 ml) 2개

씻기병
저울
사포(500번)
증류수
출력이 4.5V 이상인 D.C.Adapter
(또는 건전지(1.5Volt) 6개)
전압계(multimeter)-(0~5Volt)
전류계(0~0.5 Amp)
구리도선
핀셋
감압여과장치
여과지
뷰흐너 깔대기

실험 방법

1. 금속 치환 반응

① 0.5 M $CuCl_2$ 25 ml를 비커에 담고 색을 관찰하시오.
② 알루미늄 호일을 3 cm × 3 cm 네모형으로 잘라서 공 모양으로 구긴 후 호일의 무게를 측정한다.
③ 이 알루미늄 호일을 조심스럽게 $CuCl_2$ 용액에 담그고 발생되는 현상을 기록하시오.
④ 반응이 완결되면(약 30분 소요) 남아있는 고체를 부흐너 깔대기를 사용하여 감압하(아스피레이터 사용)에 거른다.
⑤ 거른 고체를 공기 중에서 수 분 동안 말려서 석출된 Cu의 무게를 잰다.

2. 금속과 금속염 용액들의 반응

① Cu, Zn, Ni, Pb 금속판을 준비하여 사포로 닦는다. 각 금속판을 10×100 mm의 크기로 잘라 3개씩을 준비한다.

② 1.0 M의 $Cu(NO_3)_2$, $Zn(NO_3)_2$, $Ni(NO_3)_2$, $Pb(NO_3)_2$ 각각을 5 ml씩 따로따로 시험관에 담은 후 각 시험관의 내용물을 정확히 기록해 놓는다(3세트 준비).

③ 각 금속판들을 다른 금속 이온을 포함한 위의 수용액들(3세트)에 각각 2분간 담아 두고 변화를 관찰하시오.

④ 준비된 금속과 금속이온 수용액의 모든 조합의 경우에 대하여 실험을 계속하시오.

⑤ 보고서의 표에 관찰한 내용을 적고, 발생한 반응들의 알짜이온방정식을 세우시오.

⑥ 실험한 금속들에 대해 반응성을 순서대로 추리시오.

3. 전기분해

① 출력이 4.5volt 이상 되는 D.C.어댑터(Adapter)를 양극 및 음극에 각각 구리도선으로 고정시킨다.

② 사포로 닦아 광택이 나게 한 철판과 아연판의 무게를 정확히 단 후 100 ml 비커에 0.1 M 황산아연 용액 10 ml를 넣고 [그림 B13-1]과 같이 전기분해 장치를 꾸민다.

주의 전류계는 내부 저항이 작을수록 좋고, 전압계는 내부 저항이 큰 멀티미터(multimeter)를 사용하는 것이 좋다.

③ 회로를 연결하고 정확히 10분간 전기분해를 계속한다. 2분 간격으로 전압과 전류를 읽어 보고서에 기록한다.

④ 10분 후에 철판과 아연판을 꺼내어 말린 다음 각각 그 무게를 달아 보고서에 기록한다.

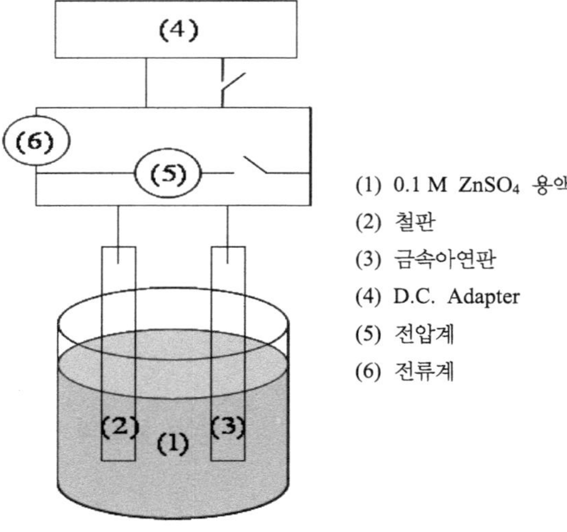

[**그림 B13-1**] 전기분해 장치

결과 처리

① 알루미늄 호일과 Cu^{2+} 이온의 수용액 중에서 일어나는 반응의 결과를 구술하고 반응식으로 설명하고, 석출된 Cu의 양으로 부터 어느 정도 반응이 진행되었을지 추론해 본다.

② 각 금속 이온과 다른 금속판과의 반응에서 어떤 현상이 일어났는지 관찰하고, 그 결과 어떤 반응성을 논리적으로 추론하였는지 설명한다.

③ 전기분해 실험에서 시간에 따라 전류와 전압의 변화를 관찰하고, 10분간 통과시킨 전류에 의해 어떤 변화가 있었는지 정성적(색이나 모양 등), 그리고 정량적(금속 전극의 질량변화 등)으로 관찰한 바를 정리한다. 통과시킨 전류에 대해 석출되는 금속의 양이 어떤 관계를 갖는지 알아보고, 실험에서도 같은 결과를 얻었는지 비교한다.

실험 **B13**

전기 화학 (Electrochemistry)

학과	학번	이름	실험 일자(년 월 일, 교시)

1. 금속 치환 반응

반응전 $CuCl_2$ 용액의 색	
반응전 알루미늄 호일의 무게	g
반응후 변화된 결과	
반응후 얻어진 Cu의 무게	g

2. 금속과 금속염 용액들의 반응 결과

	Cu	Zn	Pb	Ni
1.0 M $Cu(NO_3)_2$				
1.0 M $Zn(NO_3)_2$				
1.0 M $Pb(NO_3)_2$				
1.0 M $Ni(NO_3)_2$				

① 발생한 반응들의 알짜이온방정식

② 위의 금속들의 반응성 순서

3. 전기분해

전기분해 전의 철판의 무게	g
전기분해 후의 철판의 무게	g
전기분해 전의 아연판의 무게	g
전기분해 후의 아연판의 무게	g
석출된 ___________의 무게	g
석출된 ___________의 무게	g

① 전압과 전류의 변화

시간	0분	2분	4분	6분	8분	10분
전압(V)						
전류(A)						

② 시간에 따르는 전류의 변화 그래프

실험

B14 평형에 영향을 주는 요인들

실험 목적

르 샤틀리에 원칙을 경험하고, 산-염기 지시약에 대한 개념을 익히고, 평형상수를 표현하는 법을 배운다.

실험 배경

많은 화학반응이 가역적으로 일어난다. 즉, 두 화합물이 용액 중에서 섞여서 생성물을 만든다면, 생성물을 어느 정도 원래의 화합물로 돌아가려는 성향이 있다는 뜻이다. 어느 시간까지는 새로운 생성물이 더 빠른 속도로 만들어진다. 그러나 겉보기에 반응이 완결되었을 때 생성물이 만들어지는 속도는 역으로 가는 반응의 속도와 같게 된다. 이 때가 평형의 상태에 이른 것이다.

$$\text{반응물} \rightleftarrows \text{생성물}$$

반응물과 생성물 사이에 양쪽 화살표로 표기하며, 양쪽의 반응이 동시에 일어나고 있음을 뜻한다. 평형에 도달했을 때 생성물의 농도를 반응물의 농도로 나눈 값은 상수가 된다.

$$A + B \rightleftarrows C + D \qquad K_{eq} = \frac{[C][D]}{[A][B]}$$

상수 값 K_{eq}을 평형상수라 하고, 르 샤틀리에 원칙을 수식적으로 설명한다: 계에 스트레스가 주어지면 평형에 다시 이르기 위해 계가 움직인다. 아세트산 수용액에 대해 평형상수는 아래와 같다

$$CH_3COOH \rightleftarrows CH_3COO^- + H^+ \qquad K_{eq} = \frac{[H^+][CH_3COO^-]}{[CH_3COOH]}$$

이 용액에 HCl을 첨가하였다면 H^+ 농도가 증가하므로 반응이 왼쪽으로 진행한다. 평형상수에서도 $[H^+]$ 값이 분모에 비해 커지면 H^+가 CH_3COO^-와 반응하여 분자는 줄고 분모가 증가하여 같은 K_{eq}값을 갖도록 한다.
만일 이 용액에 HCl 대신 NaOH가 첨가되면 H^+ 농도는 감소하고 새로운 평형에 이르기 위해 오른쪽으로 진행한다.

- **용해도곱**

물에서 매우 작은 용해도를 갖는 화합물의 평형상수를 용해도곱이라고 표현한다. 예를 들어 AgCl은 100 ml의 물에 2×10^{-4} g 밖에 녹지 않는다.

$$AgCl(s) \rightleftarrows Ag^+(aq) + Cl^-(aq) \qquad K_{eq} = \frac{[Ag^+][Cl^-]}{[AgCl]}$$

고체 AgCl의 농도는 상수이므로 K_{eq} 는 다시 쓸 수 있다.

$$K_{sp} = K_{eq}[AgCl] = [Ag^+][Cl^-]$$

수용액 중에 존재하는 Ag^+와 Cl^-의 농도 곱으로 표현되므로 이 값을 용해도곱이라 표현하고, 용해도곱(solubility product)의 앞 글자를 따서 K_{sp}라 부른다. 수산화칼슘도 낮은 용해도를 갖는다(0.1 g/100 ml). 수산화칼슘은 1:2의 이온으로 이온화되며, 이에 따라 용해도곱 상수를 쓸 수 있다.

$$Ca(OH)_2(s) \rightleftarrows Ca^{2+}(aq) + 2OH^-(aq) \qquad K_{sp} = [Ca^{2+}][OH^-]^2$$

- **착이온 형성**

Cu^{2+} 이온은 암모니아와 다음과 같이 반응한다.

$$Cu^{2+}(aq) + 4NH_3(aq) \rightleftarrows Cu(NH_3)_4^{2+}(aq)$$

각 반응물의 농도를 감소시키면 착이온이 분해되어 새로운 평형에 이르게 한다.

- **지시약 평형**

지시약은 산-염기 적정에서 종말점을 표시하기 위해 유용하게 사용되는 것이다.

지시약 자체가 약산으로 일반적으로 HIn으로 표기하기도 한다. 용액에서는 지시약이 다음과 같이 짝염기와 평형을 유지하고 있다.

$$\mathrm{HIn}(aq) \rightleftarrows \mathrm{H}^{+} + \mathrm{In}^{-}$$

평형의 위치는 용액의 pH에 따라 변하며, 지시약에 따라서도 다르다. 지시약으로 사용되는 화합물들은 HIn과 In^-의 색이 다르다. HIn이 우세한 범위에서 In^-가 우세한 범위로 좁은 pH 영역(약 1.5 정도) 내에서 계가 옮겨감에 따라 적절한 지시약의 색변화로 pH 변화를 측정할 수 있다. 예를 들어 강산을 강염기로 적정할 때 pH 7 부근에서 색이 변하는 지시약을 사용해 중화점을 측정할 수 있다. 본 실험에서는 산이나 염기가 계에 첨가될 때 티몰블루(thymol blue) 지시약의 평형이 움직임을 살펴 볼 것이다.

기구/시약

시험관 3개
시험과 뚜껑
시험관대
포화된 $Ca(OH)_2$ 수용액
6 M NaOH
1.0 M $CaCl_2$
6 M HCl

0.1 M $CuSO_4$
6 M NH_3
티몰 블루
0.01 M NaOH
0.012 M HCl
1.0 M HCl

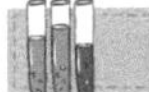

실험 방법

1. $Ca(OH)_2$의 용해도

① $Ca(OH)_2$의 포화용액 5 ml에 6 M NaOH를 5 ml 첨가하고, 관찰하시오.
② 위의 ①에 1.0 M $CaCl_2$ 5 ml를 첨가한다. 그리고 관찰한다.
③ 위의 혼합액에 6 M HCl을 첨가하고 뚜껑을 덮은 뒤 흔들어 혼합하고 관찰한다.

2. Cu(II)-암모니아 착화합물을 포함한 평형

① 0.1 M $CuSO_4$ 용액 3 ml와 6 M NH_3 수용액 3 ml를 시험관에서 섞고 관찰한다.

② 위의 ①에 6 M HCl 3 ml를 넣고 관찰한다.

3. 지시약을 포함하는 평형

① 시험관에 증류수 10 ml를 넣고 thymol blue 10 방울을 첨가한다. 그리고 관찰한다.

② ①에 0.010 M NaOH 용액을 관찰해 가면서 방울방울 떨어뜨린다. 그리고 나서 0.012 M HCl을 방울방울 떨어뜨리면 관찰한다.

③ 티몰 블루는 매우 낮은 pH에서 두 번째의 색변화를 일으킨다. 1.0 M HCl을 방울방울 떨어뜨리고 섞은 후 관찰한다.

주의사항

실험에 강산과 강염기를 사용하므로 옷이나 피부에 닿지 않도록 하며, 실험 종료 후에는 중화시킨 후 폐기하여야 한다.

실험

B14 평형에 영향을 주는 요인들

학과	학번	이름	실험 일자(년 월 일, 교시)

1. $Ca(OH)_2$의 용해도

① 물 속에서 $Ca(OH)_2$의 용해도곱을 표현하는 반응식과 용해도곱을 쓰시오.

② 포화된 $Ca(OH)_2$ 용액에 6 M NaOH를 첨가할 때 관찰 내용

③ 위의 ②에 1.0 M $CaCl_2$ 첨가할 때 관찰 내용

④ 위의 ③에 6 M HCl 첨가할 때 관찰 내용

2. Cu(II)−암모니아 착화합물을 포함한 평형

① Cu(II)와 암모니아와의 반응에 대한 평형상수 표현

② 0.1 M $CuSO_4$와 6 M NH_3와 섞었을 때 관찰 내용

③ 위 ②에 6 M HCl 첨가했을 때 관찰 내용

3. 지시약을 포함하는 평형

① 티몰 블루의 평형 상수 표현

② 증류수에서의 티몰 블루의 색

③ 0.010 M NaOH와 0.012 M HCl 첨가했을 때 색

NaOH 방울수	1	2	3	4	5	6	7	8	9	10
색										
HCl 방울수	1	2	3	4	5	6	7	8	9	10
색										

④ 산성 용액에서 우세한 화학종은 HIn인가 In^-인가?

⑤ 1.0 M HCl을 첨가했을 때 관찰 내용

실험 **B15**

분광광도계를 이용한 농도 측정

실험 목적

표준용액을 희석하여 원하는 농도를 만들고 분광광도계를 이용하는 법을 익혀서 Beer 법칙에 따라 농도를 측정해 본다.

실험 배경

본 실험은 두 가지 실험을 하게 된다. 정량적 희석과 분광광도계. 0.150 $Co(NO_3)_2$의 표준용액으로부터 5가지 용액을 만든다. 각 용액에 대해 510 nm에서의 흡광도를 측정한다. 이것을 그래프로 그린 후 미지 시료의 흡광도를 측정하여 그 농도를 예측해 보는 것이다.

• 분광광도계

전자기 복사선은 영역에 따라 [표 B15-1]에 나타낸 바와 같은 파장과 에너지를 가지고 있으며, 분자에 조사되었을 때 명기한 것과 같은 변화를 준다.

표 B15-1 전자기 복사선의 종류와 에너지

전자기파 종류	파장(nm)	에너지(kJ/mol)	전이 현상
γ(감마)	10^{-1}~10^{-3}	10^{6}~10^{8}	이온화
X-선	10~10^{-1}	10^{4}~10^{6}	이온화
far UV(원자외선)	200~10	6×10^{2}~10^{6}	이온화, 들뜸
ultraviolet(자외선)	400~200	3×10^{2}~6×10^{2}	들뜸
visible(가시광선)	700~400	1.7×10^{2}~3×10^{2}	들뜸
infrared(적외선)	10^{5}~700	1~1.7×10^{2}	진동, 회전
microwave	10^{5}~10^{8}	10^{-3}~1	회전운동
radio, TV, 자기공명	10^{8}~10^{12}	10^{-7}~10^{-3}	핵 스핀

기체나 액체, 고체 화학종을 전자기 복사선이 통과하면 일부는 투과 되지만, 일부는 화학종에 흡수가 된다. 따라서 전자기 복사선이 물질에 흡수되는 정도를 측정하면 화학종의 농도를 알 수 있다. 특히 자외선(UV)-가시선(visible) 영역의 빛의 흡광도 측정에 의한 정량 분석은 유기물이나 무기물 모두에 대한 응용 범위도 넓고, 감도가 좋고, 측정이 쉽고 편리하므로 널리 이용되는 분광법 중의 하나이다.

[그림 B15-1]은 평행 복사선 빛살이 두께 bcm, 그리고 흡수화학종의 농도 c인 용액층을 통과하기 전후를 나타낸 것이다. 광자와 흡수 입자 사이의 상호작용 결과 빛살의 세기는 ρ_0에서 ρ로 감소한다. 용액의 투광도(Transmittance, T)는 용액을 투과한 입사복사선의 분율이다.

$$T = \frac{\rho}{\rho_0}$$

투광도는 때때로 백분율로 나타내는 수도 있다.

$$\% T = \frac{\rho}{\rho_0} \times 100$$

용액의 흡광도(Absorbance, A)는 다음 식과 같이 정의한다.

$$A = -\log T = \log \frac{\rho_0}{\rho}$$

용액의 흡광도는 투광도와 반대로 빛살이 많이 감소할수록 증가함을 알 수 있다.

흡광도는 복사선이 용액을 통과하는 행로길이 b와 흡광화학종의 농도 c에 정비례한다. 이러한 관계를 Beer의 법칙이라 하며, 다음 식과 같다.

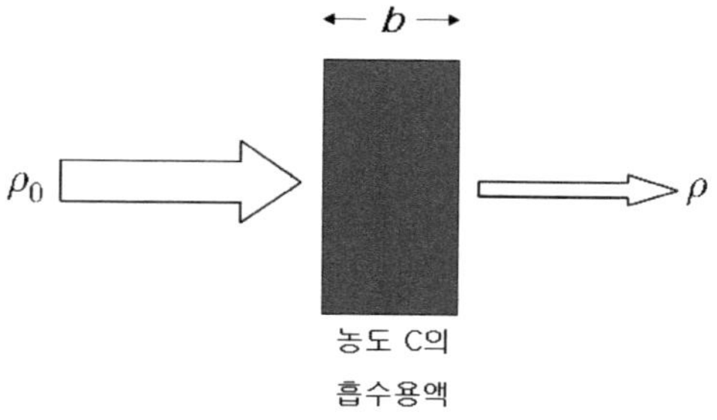

[그림 B15-1] 흡수용액에 의한 복사선 빛살의 감소

$$A = abc$$

여기에서 a는 흡광계수(Absorptivity)라는 비례상수이다. a값은 b와 c에 적용하는 단위에 따라 분명히 달라진다. 길이를 cm로, 농도를 g/L로 나타낼 때 흡광계수의 단위는 $Lg^{-1}\ cm^{-1}$이다. 여기에서 농도를 몰농도, 즉 mol/L로 나타내는 경우 흡광계수는 몰흡광계수(molar absorptivity)라 하고 특정한 기호 ε으로 나타낸다. 이때 ε은 $Lcm^{-1}mol^{-1}$의 단위를 갖는다.

$$A = \epsilon bc$$

Beer의 법칙은 한 가지 이상의 흡광 물질을 포함하는 용액에도 적용된다. 여러 가지 화학종 사이에 상호작용이 없다면 다성분계의 전체 흡광도는 다음과 같다.

$$\begin{aligned} A_{전체} &= A_1 + A_2 + \ldots + A_n \\ &= \varepsilon_1 b_1 c_1 + \varepsilon_2 b_2 c_2 + \ldots + \varepsilon_n b_n c_n \end{aligned}$$

우리는 화학종이 흡수한 빛과 보색관계에 있는 색을 우리의 눈을 통해 본다. 화학종이 흡수하는 빛의 파장과 색깔, 그리고 우리가 보는 색과의 관계는 다음 [표 B15-2]와 같다.

표 B15-2 파장에 따른 흡수된 색과 보이는 색

파장(nm)	흡수한 색	보이는 색
400	보라색	황색
450	청색	주황색
500	청녹색	적색
530	황녹색	적자색
550	황색	보라색
600	주황색	청녹색
700	적색	녹색

기구/시약

자외선-가시광선 흡수 분광광도계
큐벳(너비 1 cm)
10 ml 눈금 피펫
피펫 휠러

파스퇴르 피펫
10 ml 용량플라스크
시험관 3개

0.1 M 염화코발트($CoCl_2 \cdot 6H_2O$) 수용액
농도를 모르는 염화코발트 수용액

실험 방법

1. 염화코발트($CoCl_2 \cdot 6H_2O$) 수용액 희석하기

① 0.1 M $CoCl_2 \cdot 6H_2O$을 5 ml 취해 용량 플라스크에 넣고 증류수를 채워 0.05 M의 용액을 만든다. 희석된 용액은 시험관으로 옮긴다.

② 0.1 M $CoCl_2 \cdot 6H_2O$을 3 ml 취해 용량 플라스크에 넣고 희석하여 0.03 M의 용액을 만들어 시험관에 옮긴다.

③ ①에서 만든 용액을 5배로 희석하여 0.01 M의 희석된 용액을 만든다.

2. 최대흡수파장(λ_{max}) 찾기

① 분광광도계를 켜고 5분 이상 예열 운전시킨다.

② 샘플 홀더를 비우고 뚜껑을 닫은 후, 영점조절기를 돌려 바늘이 0%T에 오도록 맞춘다.

③ 증류수를 큐벳에 2/3정도 채우고, 샘플 홀더에 넣는다.

④ 파장조절기를 돌려 380 nm로 파장을 고정시킨다.

⑤ 바늘이 100%T에 오도록 100%T 조절기를 돌린다.

⑥ 큐벳에 0.03 M 염화코발트 수용액을 2/3 높이까지 채우고, 샘플 홀더에 넣는다.

⑦ 흡광도(A)를 소수점 이하 2자리 이상 정확히 읽는다.

⑧ 파장을 20 nm씩 증가시키면서 640 nm까지 흡광도를 읽는다.

⑨ 파장(λ, nm)-흡광도(A)의 그래프를 그리고, 최대흡수파장(λ_{max})을 찾는다.

3. 몰흡광계수(ε) 구하기

① 분광광도계의 파장을 최대흡수파장(λ_{max})으로 고정시킨다.

② 준비된 0.01 M, 0.03 M, 0.05 M 염화코발트 수용액 각각에 대한 흡광도를 측정한다.

③ 몰농도와 흡광도(A)에 대한 그래프를 그리고, 농도 변화에 따른 흡광도

의 변화를 살펴본다.

④ Beer의 법칙을 이용해 최대흡수파장에 대한 각 농도의 몰흡광계수(ε)를 계산하고, 평균을 구한다.

4. 미지시료의 농도 결정

① 최대흡수파장(λ_{max})에서의 미지시료의 흡광도를 측정한다.

② 2.에서 그린 그래프를 이용해 미지시료의 농도를 찾는다.

③ 2.에서 얻은 몰흡광계수(ε)값을 Beer의 법칙에 대입해 미지시료의 농도를 계산한다.

④ ②와 ③의 결과를 비교한다.

결과 처리

① 염화코발트($CoCl_2 \cdot 6H_2O$) 수용액의 색을 관찰하고 흡수하는 파장과의 관계를 비교한다.

② 파장에 따른 흡광도를 그래프로 그리고, 최대흡수 파장을 기록한다. 각 농도에 대한 흡광도 그래프를 그리고 흡광도가 농도에 비례하는지 확인한다.

③ 흡광도에 따른 몰흡광계수를 계산하여 평균값을 얻는다.

④ 세 가지 농도에 대한 흡광도의 그래프에서 미지시료의 흡광도에 맞는 몰농도를 추적한다.

▸▸ 엑셀 프로그램으로 데이터 정리를 할 것을 권장한다.

주의사항

1. 큐벳에 용액을 넣을 때는 시료 용액 1~2 ml으로 헹군 다음 헹군 용액은 버리고 새로운 용액을 넣는다.
2. 큐벳을 샘플 홀더에 넣기 전에 항상 깨끗한 티슈로 조심스럽게 닦은 다음 표면이 긁히지 않도록 넣는다.
3. 큐벳의 빛이 통과하는 면은 손으로 잡지 않는다.

실험 **B15**

분광광도계를 이용한 농도 측정

학과	학번	이름	실험 일자(년 월 일, 교시)

1. 측정값

① 염화코발트(CoCl2 · 6H2O) 수용액

염화코발트($CoCl_2 \cdot 6H_2O$) 수용액의 색	
최대 흡수 파장(nm)	
최대 흡수 파장에 해당하는 색	

② 최대흡수파장(λ_{max}) 찾기

파장(nm)	흡광도	파장(nm)	흡광도	파장(nm)	흡광도	파장(nm)	흡광도

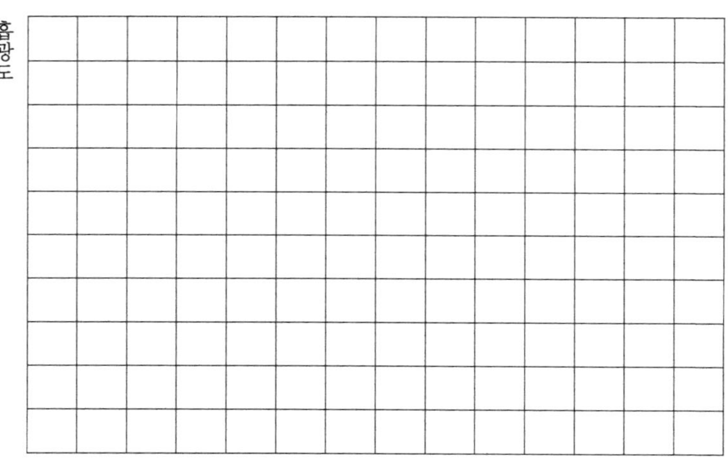

③ 몰흡광계수(ϵ)

측정 파장(nm):			
농도(M)	0.01	0.03	0.05
흡광도			
몰흡광계수			
평균 몰흡광계수			

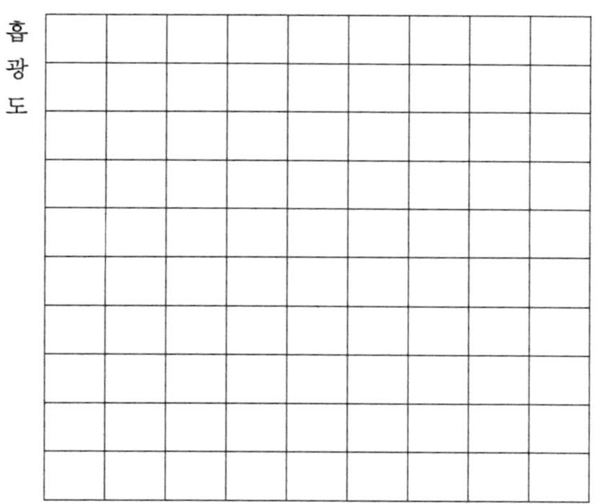

④ 미지시료 흡광도

미지시료 흡광도	
농도	

2. 질문

① 측정한 파장에서 농도와 흡광도는 비례하는 것으로 나타났는가? 만일 그렇지 않다면 그 이유가 될 수 있는 것들을 설명하시오.

② 큐벳으로 유리를 사용할 수 있는가?

실험

B16 분광광도계를 이용한 평형 상수 측정

실험 목적

평형상수는 반응 혼합물이 평형에 도달하기 위해 진행하는 방향을 예측하고, 평형에 도달한 후 반응물과 생성물의 농도를 계산하는 데 사용된다. 본 실험에서는 분과광도계를 이용하여 생성물의 농도를 측정함으로써 평형상수 값을 구하는 것을 목표로 한다.

실험 배경

- **평형상수**

평형상태에서 생성물과 반응물의 비는 일정하다. 이러한 비를 나타내는 값이 평형상수 K이다.

$$aA + bB \rightarrow cC + dD \qquad K = \frac{[C]^c[D]^d}{[A]^a[B]^b}$$

평형상수는 주어진 온도에서 반응에 대한 고유한 값을 가지며 큰 K 값(>>1)을 가지면 생성물이 많이 만들어지고, "생성물 쪽으로 평형이 치우쳐 있다"고 한다. 반대로 작은 K 값(<<1)을 갖는 경우는 반응물이 생성물을 거의 만들지 않으며, "반응물 쪽으로 평형이 치우쳐 있다"고 한다.

본 실험에서는 $Fe(NO_3)_3$ (질산철(III)) 용액과 KSCN 용액을 섞어 붉은색의 착이온 $FeSCN^{2+}$를 형성하는 반응의 평형상수를 구해본다.

$$Fe^{3+}(aq) + SCN^-(aq) \rightleftharpoons FeSCN^{2+}(aq) \qquad K = \frac{[FeSCN^{2+}]}{[Fe^{3+}][SCN^-]}$$

분광학적으로 $FeSCN^{2+}$ 이온의 몰흡광계수를 알면 반응 결과 생성된 $FeSCN^{2+}$

의 농도를 알 수 있다. 이 농도를 x라 하면 반응물의 농도는 처음 주어진 농도에서 생성물의 농도를 빼면 되므로 아래와 같은 식을 꾸밀 수 있다.

$$K = \frac{x}{([Fe^{3+}]_o - x)([SCN^-]_o - x)}$$

• 평형상수 구하기

$FeSCN^{2+}$ 착이온을 합성하기 위해 과량의 Fe^{3+} 이온과 소량의 SCN^- 이온을 반응시킨다. 반응은 매우 빠르므로 첨가 즉시 합성된다고 보고, 소량의 SCN^-로 인해 모든 SCN^-가 $FeSCN^{2+}$로 변한다고 가정한다. 이 반응 결과로 얻어진 용액의 흡광도와 $FeSCN^{2+}$ 농도(= $[SCN^-]$)로부터 $FeSCN^{2+}$의 몰흡광계수를 구한다.

$$A = \epsilon[FeSCN^{2+}]L$$

A: 흡광도
ϵ: 몰흡광계수
L: 복사선 행로의 길이

이제 여러 반응물의 농도에 대해 생성된 $FeSCN^{2+}$의 농도를 구할 수 있고(위 식에서 x 값), 평형에 도달했을 때 존재하는 반응물의 농도를 계산함으로써 평형상수를 구할 수 있다.

우리는 앞에서 다루었던 **분광광도계(자외선-가시선 분자 흡수 분광법)**에서 분광광도계를 이용한 물질의 흡광도 측정 및 미지시료 농도 결정에 관한 기본적인 원리 및 배경지식에 관한 사항을 언급하였으므로 참고하도록 한다.

기구/시약

시험관 5개
시험관대
cuvette 2개
10 ml 눈금 피펫 3개
100 ml 비커 1개
스포이드 2개

자외선-가시선 분자 흡수 분광광도계
0.002 M $Fe(NO_3)_3 \cdot 9H_2O$ 용액
0.2 M $Fe(NO_3)_3 \cdot 9H_2O$ 용액
1.0 M HNO_3
0.002 M KSCN 용액

실험 방법

① 5개의 시험관에 1번부터 5번까지 번호를 매기고 시험관대에 나란히 세운다.

② 0.2 M $Fe(NO_3)_3$ 용액 9.0 ml를 취하여 1번 시험관에 넣고 1.0 ml의 0.002 M KSCN 용액을 넣고 잘 섞는다. 이때 Fe^{3+}이온이 과량으로 존재하므로 SCN^- 이온은 모두 $FeSCN^{2+}$ 착물로 바뀐다. 따라서 이 용액은 0.0002 M $FeSCN^{2+}$의 표준용액이다.

③ 실험 ②에서 만든 $FeSCN^{2+}$의 표준용액을 이용하여 분광광도계에 넣고 410~610 nm 사이에서 20 nm 간격으로 흡광도를 측정하여 최대 흡광도를 갖는 파장을 찾고 그 파장에서의 몰 흡광계수를 계산한다.

④ 10 ml 눈금 피펫을 사용하여 0.002 M $Fe(NO_3)_3$ 용액 5.0 ml를 취하여 각 시험관에 넣는다. [표 B16-1]에 사용하는 반응물의 양을 정리하였다.

주의 $Fe(NO_3)_3$ 용액은 1.0 M HNO_3 용액으로 만들어졌으며, 사용에 유의할 것.

⑤ 10 ml 눈금 피펫을 사용하여 0.002 M KSCN 용액을 각각 2.0, 3.0, 4.0, 5.0 ml를 취하여 시험관 2~5에 넣는다.

⑥ 10 ml 눈금 피펫을 사용하여 증류수를 각각 3.0, 2.0, 1.0, 0 ml를 취하여 시험관 2~5에 넣는다. 전체 부피는 모두 10 ml가 된다.

⑦ $FeSCN^{2+}$의 최대 흡광도를 갖는 파장에서 네 개의 용액에 대한 흡광도를 측정한다.

표 B16-1 반응에 사용할 반응물의 양

시험관 번호	$Fe(NO_3)_3$ 용액 (ml)	KSCN 용액 (ml)	증류수 (ml)	전체 부피 (ml)
2	5.0	2.0	3.0	10.0
3	5.0	3.0	2.0	10.0
4	5.0	4.0	1.0	10.0
5	5.0	5.0	0.0	10.0

결과 처리

① 최대흡수파장(λ_{max}) 찾기: $FeSCN^{2+}$ 표준용액의 흡수 스펙트럼을 찍거나 파

장에 따른 흡광도를 측정하여 그래프를 그린 후 최대 파장을 찾는다. 이 파장은 미리 흡수스펙트럼을 찍어 최대 파장 값을 알려주어도 좋다.

② 농도 구하기: 최대 파장에서 $FeSCN^{2+}$ 표준 용액의 흡광도를 측정하고 농도로부터 몰흡광계수를 계산한다. 각 시험관의 반응 용액에 대한 흡광도를 측정한 후 평형에서 존재하는 $FeSCN^{2+}$ 농도를 계산한다.

③ 평형상수 계산: 각 반응에서 존재하는 $FeSCN^{2+}$ 농도를 제하고 남은 반응물과 생성물의 농도로 평형상수 값을 계산한다. 각 반응에서 얻은 평형상수 값의 평균을 계산한다.

실험 **B16**

분광광도계를 이용한 평형 상수 측정

학과	학번	이름	실험 일자(년 월 일, 교시)

1. 최대흡수파장(λ_{max}) 찾기

파장 (nm)	410	430	450	470	490	510	530	550	570	590	610
흡광도 (A)											

2. 농도 – 흡광도(A)의 관계식 구하기

표준용액 [$FeSCN^{2+}$]	흡광도	셀의 두께(cm)	몰흡광계수($M^{-1}cm^{-1}$)

반응	$2.00\times10^{-3}M$ $Fe(NO_3)_3$ 부피(ml)	$2.00\times10^{-3}M$ KSCN 부피(ml)	H_2O 부피(ml)	흡광도	$FeSCN^{2+}$ 몰흡광계수	[$FeSCN^{2+}$]
2						
3						
4						
5						

3. 평형 상수 계산

반응	반응 초기 몰수(mol)		평형에서의 몰수(mol)			평형에서의 농도(M)			평형상수 (K)
	Fe^{3+}	SCN^-	Fe^{3+}	SCN^-	$FeSCN^{2+}$	$[Fe^{3+}]$	$[SCN^-]$	$[FeSCN^{2+}]$	
2									
3									
4									
5									

3. 질문

① 농도가 너무 진한 경우 Beer-Lambert 법칙을 이용할 수 없는 이유를 설명하시오.

② 자외선-가시광선 영역의 흡수 스펙트럼을 측정할 때 사용할 수 있는 셀은 어떤 물질로 만들어져야 하는지에 대해 설명하여 보시오.

실험 B17 산도의 측정과 산 해리상수 결정

실험 목적

산도를 측정하는 여러 가지 방법을 경험하고, 산도를 이용해 약산의 해리 상수를 결정하는 것을 목표로 한다.

실험 배경

산의 강도를 표현하는 방법으로 pH를 사용한다. 이것은 H^+ 농도의 로그값에 (−1)을 곱한 값으로 정의 한다.

$$pH = -\log[H^+]$$

따라서 H^+의 농도가 높을수록 pH 값은 작아지며, H^+ 농도가 낮아질수록 pH 값은 높아진다.

pH 측정 방법에는 pH paper, 지시약, pH meter 등이 있다. 본 실험에서는 이 세 가지 방법을 모두 사용해 보겠다.

• **아세트산의 해리상수**

아세트산은 수용액 중에서 이온화하여 H^+를 내놓는 약산으로 중성 분자와 이온들 간에 평형을 유지하고 있다. 이 반응의 평형상수는 특히 산의 이온화와 관련하여 산 해리상수 K_a로 표시한다.

$$CH_3COOH \rightleftarrows CH_3COO^- + H^+ \qquad K_a = \frac{[H^+][CH_3COO^-]}{[CH_3COOH]}$$

약산이기 때문에 K_a는 1 보다 작으며 대부분이 중성 분자의 형태로 존재한다. 이 약산의 해리상수를 계산하기 위해서는 $[H^+]$, $[CH_3COO^-]$, 그리고 $[CH_3COOH]$를 알아야 한다. 만일 pH를 알면 $[H^+]$를 계산할 수 있고, 1:1로 생성되는 음이온 CH_3COO^-의 농도도 같은 양일 것이다. CH_3COOH의 농도는 초기에 넣어준 아세트산의 양에서 $[CH_3COOH^-]$를 빼주면 계산할 수 있다. 또한 약산이므로 H^+의 양이 초기의 아세트산의 양에 비해 매우 작다고 가정하면 $C-[H^+] \cong C$이므로 더 간단히 계산할 수 있다.

$$[CH_3COOH] = C - [CH_3COO^-] = C - [H^+]$$

$$K_a = \frac{[H^+]^2}{C-[H^+]} = \frac{[H^+]^2}{C}$$

• pH meter

pH meter는 전극과 시료 수용액 간의 H^+ 농도 차로 전압을 측정하는 것이며, 이를 $-\log[H^+]$의 값으로 계산하여 pH로 읽혀주는 기기이다. 측정하기 위해 필요한 것은 전극과 측정기인데, 전극은 수소 이온 선택성 지시전극인 유리전극과 은과 염화은으로 이루어진 기준전극으로 이루어져있다. 사용방법은 다음과 같다.

① 전원이 꺼져있는 것을 확인하고 전극을 연결한다.
② 전원을 연결한다.
③ 전극의 내부액을 확인하고 부족한 경우 첨가한다.
④ 전극의 보호뚜껑을 연 후 pH 보정을 한다. 측정하고자 하는 pH에 따라 4.0, 7.0, 10.0의 표준용액을 사용한다. 비커에 표준용액을 전극이 잠길 정도로 덜어낸 후 전극 증류수로 씻고 가볍게 티슈로 물을 닦는다. 우선 중성 표준용액에 넣어 교정 버튼을 누른다. 종료 사인에 맞추어 다른 표준용액에 대해서도(산의 경우는 4.0, 염기 용액인 경우는 10.0) 교정해 준다. 매 번 증류수로 세척하고 티슈로 닦아내야 한다.
⑤ 측정하고자 하는 시료에 담궈 pH를 측정한다.
⑥ 증류수로 닦고 가볍게 닦은 후 뚜껑을 닫아 놓아야 전극이 갈라지지 않는다.

기구/시약

시험관 66개
시험과대
5 ml 피펫 11개
피펫 휠러
지시약병
pH 표준용액(1, 2, 3, 4, 5, 6, 7, 8, 9) 9가지
0.1 M 아세트산
지시약(티몰블루, 메틸레드, 브로모크레졸그린, 브로모페놀블루, 에리트로신B, 메틸오렌지, 브로모크레졸퍼플, 페놀프탈레인 중 6가지)
pH meter

실험 방법

1. pH에 따른 지시약의 색변화

① 시험관 9개에 pH 1부터 9까지의 용액을 5 ml씩 첨가하여 시험관대에 준비해 놓는다.

② 준비한 지시약 중 하나를 각 시험관에 한 방울씩 첨가한 후 조심스럽게 흔들어 준다.

③ 위의 ①과 ②의 방법을 나머지 5 가지 지시약에 대해서 똑같이 시행한다.

④ 바닥에 흰 종이를 깔고 색 변화를 비교한다. 이것을 이용해 아세트산의 pH를 결정할 것이다.

2. 아세트산의 해리 상수

① 0.1 M 아세트산 용액을 5 ml씩 6개의 시험관에 나눠 담는다.

② 각 시험관에 6가지 지시약을 한 방울씩 첨가하고 앞의 지시약 색도표와 비교하면서 pH를 결정한다.

③ 또 다른 방법으로 pH를 측정하고자 한다. pH meter를 pH 7과 pH 4에 대해 교정한 후 0.1 M 아세트산의 pH를 측정한다.

④ 위에서 측정한 H^+ 농도로 해리상수를 구한다.

결과 처리

① 지시약의 색도표는 사진으로 보고서에 보관하고 보고서 작성시 이용하도록 한다.

② 두 가지 방법으로 측정된 pH 데이터를 이용하여 각각 아세트산의 해리상수를 구해보고, 참고자료에 보고된 해리상수와 비교하여 고찰한다.

실험 B17 산도의 측정과 산 해리상수 결정

학과	학번	이름	실험 일자(년 월 일, 교시)

1. 측정값

① pH에 따른 지시약의 색변화

번호	1	2	3	4	5	6
지시약						
변색범위						

② 0.1 M 아세트산의 pH

i) 지시약

지시약						
색						

pH =

ii) pH meter

pH =

iii) 아세트산의 해리상수

	지시약	pH meter
pH		
$[H^+]$		
$[CH_3COO^-]$		
$[CH_3COOH]$		
K_a		

2. 질문

① pH meter기에서 사용하는 전극을 그리시오.

② 지시약의 변색원리를 설명하시오.

③ 시험관에 지시약을 같은 비율로 넣어야 하는 이유는 무엇인가?

실험

B18 화학반응 속도 측정

 실험 목적

화학반응속도란 시간에 따른 반응물이나 생성물의 농도 변화로 나타내며, 화학반응이 얼마나 빠르게 진행되는 지를 뜻한다. 본 실험에서는 반응물의 농도가 화학반응속도에 어떻게 영향을 주는지를 알아보고, 반응속도상수와 반응차수를 알아보고자 한다.

 실험 배경

반응속도에 영향을 주는 인자로는 농도와 온도이다. 반응이 일어나기 위해서는 반응물들끼리 충돌하여야 하며, 그 충돌이 유효한 것이어야 한다. 즉, 반응이 일어나기 위한 최소한의 에너지 이상을 가지고 반응하는 분자들끼리 반응할 수 있는 방향으로 충돌하여야 한다. 이 때 반응이 일어나기 위한 최소한의 에너지가 활성화 에너지이다.

반응물의 농도가 진하면 충돌 가능성이 크므로 속도가 빨라지게 되며, 반응온도가 높으면 활성화 에너지 보다 높은 에너지를 갖는 분자 수가 증가하여 반응속도가 빨라진다. 속도를 빠르게 하는 또 다른 방법은 활성화 에너지를 낮추는 것이며, 이것은 촉매를 사용하여 반응 경로를 바꾸는 것이다. 이것을 관계식으로 표현하면 아래 식과 같다. 식에서 m과 n은 실험으로 구해야 하는 값이다.

$$aA + bB \rightarrow cC + dD$$

$$\text{반응속도} = k[A]^m[B]^n \qquad k\text{: 속도상수} \quad m,\ n\text{: 반응차수}$$

본 실험에서는 온도나 촉매의 영향은 배제하고 농도의 영향만을 조사하고자 한다. 실험에서 사용하는 반응은 요오드화 이온과 과산화이황산 이온의 산화-환원

반응이다. 이 반응의 속도상수와 반응차수를 구해본다.

$$2I^- + S_2O_8^{2-} \rightarrow I_2 + 2SO_4^{2-}$$

$$반응속도 = k[I^-]^m[S_2O_8^{2-}]^n \qquad k: 속도상수$$

m, n: 반응차수

• **시계반응**(Clock reaction)

투명한 두 용액이 서로 섞이면 초기에는 색이 나타나지 않다가 갑자기 나타나는 반응을 알람시계와 비유하여 시계반응이라고 한다.

본 실험에서는 요오드 이온(I^-)과 과산화이황산이온($S_2O_8^{2-}$)의 농도를 다르게 하면서 반응시킨다. 반응 (1)이 진행됨에 따라 요오드(I_2)가 생성되며, 녹말 용액을 첨가하면 녹말-요오드 착물이 형성되어 반응초기에 보라색을 띤다. 여기에 싸이오황산이온($S_2O_3^{2-}$)을 미리 첨가해 생성되는 I_2를 바로 I^-로 환원되도록 한다(식 (2)).

$$2I^- + S_2O_8^{2-} \rightarrow I_2 + 2SO_4^{2-} \qquad (1)$$

$$I_2 + 2S_2O_3^{2-} \rightarrow 2I^- + S_4O_6^{2-} \qquad (2)$$

이 때 반응 (2)는 매우 빠르게 일어나므로 반응 (1)에서 생성되는 I_2는 생성되자마자 I^- 이온으로 변하여 보라색이 나타나지 않는다. 그러나 $S_2O_3^{2-}$는 다 소모되면 다시 I_2 분자가 나타나 녹말과 반응하여 보라색을 나타낼 것이다. 즉 본 실험에서 농도에 따른 반응속도를 알아보기 위해 측정하는 것은 반응속도에 따라 $S_2O_3^{2-}$ 이온의 정해진 양이 사라지는 시간인 것이다. 이러한 역할을 하는 $S_2O_3^{2-}$의 양은 소량이어야 한다. 만일 $S_2O_3^{2-}$가 당량보다 많으면 요오드 분자는 없어져서 색이 나타나지 않을 것이다.

기구/시약

삼각 플라스크(50 ml와 100 ml) 각각 3개씩
피펫(1 ml, 5 ml, 10 ml)

온도계
피펫 휠러
초시계

0.2 M KI
0.2 M KCl
0.1 M $(NH_4)_2S_2O_8$
0.1 M $(NH_4)_2SO_4$
0.005 M $Na_2S_2O_3$
녹말 지시약(2 g의 녹말과 0.5 g의 $HgCl_2$를 물 1 L에 넣고 가열하여 식힌 후 사용한다.)

실험 방법

① 100 ml 삼각플라스크에 피펫으로 정확히 10.0 ml의 0.2 M KI 용액을 넣고, 0.005 M $Na_2S_2O_3$ 용액도 정확히 5.0 ml를 취해 첨가하고, 1 ml의 녹말 용액을 가한다.
② 50 ml 삼각플라스크에 10.0 ml의 0.1 M $(NH_4)_2S_2O_8$ 용액을 피펫으로 넣는다.
③ 앞의 ① 반응 플라스크에 온도계를 꽂고 초시계를 준비한다.
④ ②의 플라스크속 용액을 흘리지 않게 그리고 재빨리 ①의 반응 플라스크에 붓고 반응 시작시간을 기록함과 동시에 손으로 잘 흔들어 섞어 준다.
⑤ 반응 용액이 변색되는 시간을 기록하고 용액의 온도는 0.1℃ 까지 읽어 기록한다.
⑥ 같은 실험을 2회 더 반복하여 시간의 평균값을 얻는다.
⑦ ①~⑥의 실험을 다음 [표 B18-1]에서 제시하는 바와 같이 반복 실험한다. 각 실험에 대해 3번 반복 실험하며, 한 번 사용한 플라스크는 잘 씻고, 물기를 가능한 한 없애야 한다.

표 B18-1 반응속도 측정을 위한 반응물의 양

반응 번호	100 ml 플라스크 내	50 ml 플라스크 내
1-a, b, c	10.0 ml 0.2 M KI	10.0 ml 0.1 M $(NH_4)_2S_2O_8$
2-a, b, c	5.0 ml 0.2 M KI + 5.0 ml 0.2 M KCl	10.0 ml 0.1 M $(NH_4)_2S_2O_8$
3-a, b, c	10.0 ml 0.2 M KI	5.0 ml 0.1 M $(NH_4)_2S_2O_8$ + 5.0 ml 0.1 M $(NH_4)_2SO_4$

결과 처리

1. **상대적 반응 속도**

   시간에 대한 반응물의 농도변화에 대한 값이 반응 속도임을 생각하고, 각 반응에 대해 농도별로 데이터를 정리한다. 각 반응에 대해 변색까지 걸린 시간(초)을 적고 그 시간의 역수로 상대적인 속도라고 감안하면 각 반응의 상대적인 속도를 비교할 수 있다.

2. 반응차수는 사용한 반응물의 농도 변화에 따라 상대속도가 어떻게 변했는지 비교하여 반응차수식의 지수값을 구한다.

$$\text{상대 반응 속도} = k[I^-]^m[S_2O_8^{2-}]^n$$

실험

B18 화학반응 속도 측정

학과	학번	이름	실험 일자(년 월 일, 교시)

1. 측정값

① 상대적 반응 속도

반응	초기농도[mol/L]		반응온도	변색 시간	상대적 반응속도	상대적 반응 속도 평균
	$[I^-]$	$[S_2O_8^{2-}]$	(℃)	(s)	(s^{-1})	
1						
2						
3						

② 반응차수

③ 속도상수(k) 값

반응	k	k(평균)
1		
2		
3		

④ 반응속도

2. 질문

① 반응속도에 영향을 주는 인자들을 나열하여 보시오.

② 반응에 참여하지 않은 KCl이나 $(NH_4)_2SO_4$는 본 실험에서 어떤 역할을 하는가?

③ 본 실험에서 $Na_2S_2O_3$이 역할은 무엇인가?

실험

B19 물의 분석

실험 목적

일상생활에 가장 밀접한 물을 분석하여 그 성분을 알아본다.

실험 배경

원래 천연수에는 유기물 및 많은 무기이온들이 녹아 있다. 특히, 칼슘염과 마그네슘염을 함유하는 물을 센물(경수, hard water)이라 하고 센물의 정도는 경도로써 나타내며 경도가 1이라 하는 것은 보통 탄산칼슘이 1ppm을 함유한 것을 말하고 20이상이면 센물, 그 미만이면 단물(연수, soft water)이라 한다.

고급지방산의 나트륨염인 비누와 칼슘이나 마그네슘이온이 결합하면 물에 녹지 않는 침전이 생기므로 빨래가 되지 않는다. 센물은 영구적인 센물과 일시적인 센물 두 가지로 나눌 수 있다.

음이온으로 HCO_3^-를 함유하는 것을 일시적 센물이라 하는데 이것은 보일러에서 관석(scale)을 만들어 연료의 낭비와 폭발의 위험을 준다. 그러나 이러한 일시적 센물은 가열하여 칼슘이나 마그네슘들이 물에 녹지 않는 탄산염으로써 제거되어 단물이 될 수 있다.

한편, Cl^-과 SO_4^{2-}같은 이온을 함유하고 있는 비탄산염의 센물은 가열만으로는 단물이 되지 않고 Na_2CO_3와 같은 침전제를 가하여야 되므로 이러한 물을 영구적 센물이라고 한다. 또 근래에 많이 사용하는 방법으로는 이온수지 교환법이 있는데 양이온만 교환 될 수 있는 양이온 교환수지를 통과시키면 물속의 Ca^{2+}, Mg^{2+} 및 Fe^{3+}이온은 수지에 흡착되므로 무기물의 양, 음이온을 제거할 수 있는 좋은 방법이다.

기구/시약

플라스크	0.1% w/w $KMnO_4$
유도관	Nessler 시약(부록 E6)
비커	묽은 H_2SO_4(1:1)
가열장치	10% w/w KI 녹말용액(부록 E6)
삼각플라스크(250 ml)	1% $AgNO_3$
뷰렛	10% w/w $BaCl_2$
피펫	

실험 방법

① 아질산의 검출 : 검사하려는 물 50 ml에 10% KI 1 ml와 녹말용액 1 ml를 가하고 섞은 다음 묽은 H_2SO_4 1 ml를 가하여 산성으로 하고 방치하였을 때 5분 이내에 푸른색이 되면 아질산이 유해량 함유되었다는 증거이다.

② 암모니아의 검출 : 검사하려는 물 10 ml에 Nessler 시약 몇 방울을 가했을 때 용액의 색이 담황색~적갈색으로 변하면 암모니아가 유해량 함유되었다는 증거이다.

③ 유기물의 검출 : 검사하려는 물 100 ml에 묽은 H_2SO_4 1 ml와 0.1% $KMnO_4$ 1 ml를 가하여 천천히 가열하시오. 5분 동안 끓는 사이에 붉은 색이 없어지면 유기물이 유해량 이상 함유되었다는 증거이다.

④ Cl^- 이온 검출 : 검사하려는 물 100 ml에 $AgNO_3$ 용액 몇 방울을 가한 후 물이 탁해 지는가 보시오. 또한 실험 1-②에서 얻은 증류수와 비교해 보시오.

⑤ SO_4^{2-} 이온 검출 : 검사하려는 물 10 ml에 10% $BaCl_2$ 액 2 ml 가한 후 변화를 확인하시오. 이때 흰 침전물이 생기면 SO_4^{2-} 이온이 유해량 있다는 증거이다.

실험

B19 물의 분석

학과	학번	이름	실험 일자(년 월 일, 교시)

1. 실험 전후의 용액의 상태를 비교하여 본다.

시료		아질산	암모니아	유기물	Cl^-	SO_4^{2-}
수돗물	반응 전					
	반응 후					
증류수	반응 전					
	반응 후					
미지시료 A	반응 전					
	반응 후					
미지시료 B	반응 전					
	반응 후					
미지시료 C	반응 전					
	반응 후					
미지시료 D	반응 전					
	반응 후					

2. 결론

시 료	실험에 의해 검출된 물질
수 돗 물	
증 류 수	
A	
B	
C	
D	

3, 질문

① 위의 실험 반응에 대한 이론적 고찰(예상되는 반응식)을 적으시오.

② 위 실험방법 외로 수질을 분석하기 위하여 관계 기관에서 정한 실험 방법을 조사한다.

③ 각 수질 검사에서 검출되는 유해 성분의 한계농도는 얼마인지 조사한다.

실험

B20 미지 시료 확인

실험 목적

화학지식을 토대로 미지 시료용액의 분석 계획을 세우고 실험을 통한 과학적 근거를 찾아 시료가 무엇인지 확인한다.

실험 배경

미지 시료의 확인은 강의에서 축적된 화학개념들과 실험을 통해 배운 기술을 바탕으로 하여 타당한 분석 계획을 수립하고, 주어진 시료를 효율적으로 사용하여 세심한 관찰과 신중한 판단을 근거로 그 정체 파악이 가능하다. 시료의 확인을 좀 더 쉽게 하기 위하여 다음의 시료들 중의 하나를 제공하게 될 것이다.

$NaOH$(*aq*)	HCl (*aq*)	$AgNO_3$(*aq*)	$NiSO_4$(*aq*)	증류수(distilled water)
NH_4OH(*aq*)	H_2SO_4(aq)	$BaCl_2$(*aq*)	CH_3COONa(*aq*)	수돗물(water)

미지 시료를 가지고 주어진 시약과 기구를 사용하여 가능한 실험들을 한 후, 결과를 종합하여 타당한 근거들을 제시함으로써 시료가 무엇인지 추정하고 확인하게 된다.

기구/시약

0.1 M $AgNO_3$
0.1 M $NiSO_4$
0.1 M NH_4OH
0.1 M $BaCl_2$
증류수
수돗물
0.1 M H_2SO_4
0.1 M $NaOH$
0.1 M CH_3COONa
시험관
리트머스 시험지
비커

실험 방법

① 미지 시료용액을 제공받는다.
② 미지 시료의 확인을 위해 실험계획을 세운다. 이때, 주어진 시약들과 기구들을 살펴 보고 계획을 신중히 검토할 필요가 있다.
③ 시료용액의 외형적인 면을 관찰하고 기록한다.
④ 실험실에 있는 시약들과 기구들을 충분히 활용하여 미지 시료가 무엇인지 추정해 본다. 단, 시료는 일정량씩 한 번만 주어지므로 효율적으로 사용하고 가능한 한 시험관들에 분배하여 여러 실험을 할 수 있도록 한다.
⑤ 실험결과를 토대로 하여 미지 시료의 정체를 추정하고 이에 타당한 근거들을 종합하여 기록한다.
⑥ 실험시간이 끝나기 전에 결과 보고서를 제출하도록 한다.
⑦ 실험실을 떠나기 전에 모든 시험관은 깨끗이 씻어서 다음 실험조가 쓸 수 있도록 한다.

결과 처리

미지 시료 각각에 대하여 실험 결과를 자세히 기록하고, 결과를 토대로 미지 시료가 무엇인지 알아낸 원리를 적는다.

주의사항

① 각 조별로 독립적으로 실험을 하여, 조원 이외와 토의하는 것은 금한다.
② 미지 시료가 더 필요하면 조교 선생님께 요청하되 감점을 당하게 된다.
③ 주어진 시약들이나 기구들 이외에 다른 테스트를 하고자 하면 조교 선생님과 상의한다.
④ 시료의 정체를 알지 못하므로 가급적 소량씩 사용하여 테스트하도록 한다.
⑤ 맛을 보기 위해 절대로 시료를 마셔서는 안 된다.
⑥ 냄새를 맡을 때에도 깊게 들이마시지 말고 원칙을 준수한다.
⑦ 시료용액을 피부에 접촉하지 않도록 한다.

실험

B20 미지 시료 확인

학과	학번	이름	실험 일자(년 월 일, 교시)

1. 미지 시료용액의 번호

2. 미지 시료의 정체를 확인하기 위한 계획 수립

3. 미지 시료의 외형적 성질 관찰

4. 미지 시료 확인을 위한 실험 결과

5. 미지 시료로 추정되는 물질

6. 미지 시료를 추정하는 데 쓰인 화학적 근거들

7. 질문

① 미지 시료 확인에 결정적인 역할을 한 화학 반응식을 쓰시오.

② 공장의 폐수로 오염된 물에 있는 성분들을 분석하기 위한 계획을 수립해 보자.

C. 실험편-합성실험

실험

C1 아스피린 합성과 분석

실험 목적

살리실산과 아세트산무수물을 인산(H_3PO_4) 촉매 하에서 에스테르화반응을 이용하여 아스피린을 합성한다. 합성된 아스피린은 순도를 확인하기 위해 얇은막 크로마토그래피(TLC)와 녹는점을 측정한다.

실험 배경

아스피린(Aspirin)은 아세틸살리실산에 대한 바이엘사의 상품명으로, 해열제 또는 진통제로 사용되는 의약품 중의 하나이다. 기원전 고대 이집트시대부터 버드나무 껍질이 해열제로 이용되었는데 18세기 초, 이탈리아 화학자 피리아는 약효의 주성분인 살리실산을 추출하였다. 비슷한 시기에 조팝나무 꽃에서 추출한 살리실알데히드의 산화반응으로 살리실산이 제조되었다. 이후 바이엘사에서 1893년 살리실산의 에스터인 아세틸살리실산의 제조법을 확립하고 아세틸의 머리글자인 '아(a)' 자를 조팝나무의 학명인 스파이리어(Spiraea)와 합쳐 '아스피린(aspirin)'이라 명명하고 해열진통제로 시판하기 시작했다. 이후 바이엘사는 아스피린의 개발과 판매로 세계적인 명성과 부를 얻게 되었다.

• 아스피린 합성

실험실에서도 쉽게 합성할 수 있는 아스피린(acetyl salicylic acid, 아세틸살리실산)은 분자 내에 카복시기와 에스터기를 포함하는 구조를 갖는 유기화합물이다. 대부분의 에스터는 자연적으로 생성되며 꽃, 식물, 과일의 냄새와 맛을 내는 원인이 된다. 또 페인트, 광택제, 액체 아교와 같은 생성물에 대한 용매로서 공업적으로 사용된다. 에스터는 산 촉매 하에서 알코올을 유기산과 반응시켜 얻을 수 있으며 한 분자의 물이 함께 생성된다.

$$R-C(=O)-OH + H-O-R^1 \longrightarrow R-C(=O)-OR^1 + H_2O$$

카르복식 산 알코올 에스터

여기서 R과 R′는 메틸(-CH_3), 에틸(-CH_2CH_3) 등의 알킬기이다. 에스터를 합성하기 위하여 유기산과 알코올이 항상 필요한 것은 아니다. 유기산(RCOOH)의 반응성이 낮아서 이의 유도체인 유기산 할로젠화물(RCOX) 또는 유기산 무수물(RCOOCOR)을 알코올과 반응시키면 에스터를 더욱 빠르고 쉽게 만들 수 있다.

본 실험에서도 살리실산을 아세트산 무수물과 인산촉매 하에서 반응시켜 아스피린을 합성하고자 한다. 이 반응에서는 살리실산의 알코올 부분과 아세트산 무수물의 CH_3CO(아세틸기)가 결합하고 아세트산 한 분자가 유리되면서 에스터 화합물인 아스피린이 생성된다.

살리실산 + 아세트산무수물 ⇌ 아스피린 + 아세트산

• **화합물의 순도 측정**

화합물의 합성이 끝나면 분석 과정이 뒤따라야하며, 분석하기 전에는 반드시 순수한 화합물임을 확신하여야 한다. 순수하지 못한 화합물의 분석은 아무 의미가 없기 때문이다. 혼합물에서 순수한 화합물을 분리하는 방법은 재결정, 증류, 크로마토그래피 등이 있다. 혼합물의 물성이나 양에 따라 방법을 선택하여야 하며, 본 실험에서는 재결정 방법을 사용한다.

재결정은 혼합물을 용매에 녹인 후 용해도차를 이용하여 순물질들을 분리하는 방법이다. 용해도차를 내는 방법은 온도를 변화시키거나 순물질이 녹지 않는 용매를 섞어 주어 침전으로 떨어뜨리는 방법이다. 이렇게 얻은 순물질이 순수한지를 확인하기 위해 얇은막 크로마토그래피(TLC)와 녹는점을 확인한다.

기구/시약

1. 아스피린의 제조

살리실산, 아스트산무수물, H_3PO_4(85%), 중탕기, 온도계, 스포이드, 50 ml 둥근플라스크, 여과지, 감압여과장치, 뷰흐너 깔대기, 유리막대, 증류수, 메스실린더(10, 50 ml)

2. 아스피린의 순도측정과 정제

합성 아스피린, 다이에틸에테르, 석유에테르, 감압여과장치, 뷰흐너 깔때기

3. TLC를 이용한 순도 측정

합성 아스피린, 재결정 후 얻은 아스피린, TLC plate, 전개용매(헥세인, 에틸아세테이트), 전개용 유리병, 시계접시, 핀셋, UV lamp

4. 아스피린의 녹는점 측정

합성 아스피린, 재결정 후 얻은 아스피린, 녹는점 측정장치

실험 방법

1. 아스피린의 합성

① 살리실산 2 g을 50 ml 둥근바닥플라스크에 넣은 다음 아세트산무수물 5 ml를 용기 벽을 따라 흘려 넣는다. 이때 용기 벽에 묻은 살리실산을 요령껏 모두 씻어 내린다.

② 이 둥근바닥플라스크를 물중탕에 장치하고 촉매로서 85% 인산을 소량(8~10방울) 가한 후 물중탕의 온도를 85~90°C로 10분간 유지하면서 반응을 완결시킨다.

③ 반응이 끝나면 증류수 2 ml를 조심스럽게 플라스크에 가하여 반응하지 않은 아세트산무수물을 분해시켜 증기상태의 아세트산이 생성되도록 한다. 아세트산의 증기가 더 이상 발생하지 않으면 물중탕에서 꺼내어 중

류수 20 ml를 다시 가하고 실온이 될 때까지 냉각시킨다.

④ 냉각이 진행됨에 따라 아스피린 결정이 생성되는데 만약 결정이 잘 생기지 않으면 유리막대로 플라스크의 안쪽 벽을 긁어주거나 얼음으로 냉각을 시도한다.

⑤ 아스피린 결정을 뷰흐너 깔때기로 걸러서 5 ml의 얼음물로 한 번 씻는다.

⑥ 얻어진 결정을 다른 거름종이에 옮기고 약 80°C의 드라이오븐에서 20분 정도 완전 건조시킨다.

⑦ 결정이 완전히 마른 후 무게를 달아 수득률을 계산한다.

주의

- 아세트산 무수물은 식초냄새가 나고 과량의 아세트산무수물에 물을 가하여 분해시키면 뜨거운 증기가 발생하므로 조심한다.
- 실험에서 합성한 아스피린은 순수하지 않으므로 절대 복용하지 않는다.

참고

- 살리실산
  MW: 138.12 g/mol, mp: 159°C
- 아세트산 무수물
  MW: 102.09 g/mol, bp: 139.8°C, 밀도: 1.082 g/ml
- 아스피린
  MW: 180.157 g/mol, mp: 135°C

2. 아스피린의 순도측정과 정제

① 합성된 아스피린 1 g 정도를 5 ml 비커에 넣고, 약 5 ml의 다이에틸에테르(bp: 34.6°C)를 가하여 완전히 녹인다. 잘 녹지 않는 것은 거름종이로 걸러 제거한다.

② 여과된 용액에 석유에테르(bp: 30~60°C) 15 ml를 가한다. 이 비커를 얼음물에 담가놓고 젓거나 흔들지 않는 상태를 유지하면서 침전이 생성될 때까지 기다린다.

③ 아스피린 침전을 감압여과로 거른 다음 다른 거름종이로 옮겨 말린 후 무게를 측정하여 회수율을 계산한다.

④ 재결정으로 얻어진 아스피린 시료에 대하여 TLC, 녹는점 측정, 적정실

험을 진행하여 재결정 전과 비교하여 다른 불순물이 존재하는지 확인한다.

주의 다이에틸에테르 및 석유에테르는 인화성이 매우 크다. 아스피린을 다이에틸에테르에 녹여 정제할 때는 반드시 화기를 멀리하도록 한다.

3. TLC를 이용한 순도 측정

TLC plate에 제조한 아스피린과 재결정에서 얻어진 시료의 반점을 만들어 전개용매(핵세인-에틸아세테이트)로 전개한 후 자외선(UV) 램프로 비추어 다른 불순물이 존재하는지 확인한다.

4. 아스피린의 녹는점 측정

제조한 아스피린과 재결정에서 얻어진 아스피린의 녹는점을 측정한다.

결과 처리

① 합성한 아스피린의 수득률을 계산한다.

② TLC에서 확인한 R_f 값을 비교하고 녹는점을 비교하여 순도를 확인한다 (TLC에서의 스팟을 그림으로 보고한다).

실험

C1 아스피린 합성과 분석

학과	학번	이름	실험 일자(년 월 일, 교시)

1. 측정값

사용한 살리실산의 질량	
사용한 아세트산무수물의 부피	
사용한 아세트산무수물의 질량(밀도: 1.082 g/ml)	
합성한 아스피린의 질량	
이론적으로 얻어야하는 아스피린의 질량	
백분 수득률	

재결정 실험에 사용한 아스피린의 질량	
재결정 후 얻은 아스피린의 질량	
재결정 실험에서의 회수율	

	TLC(R_f 값)	녹는점(℃)
재결정 전 시료		
재결정 후 시료		

2. TLC 그림

3. 질문

① 아스피린의 구조를 그리고 카복실기와 에스터기를 표시하시오.

② 아스피린의 적정실험에서 재결정 전과 후에 얻어진 시료의 적정 값이 다른 이유를 설명하여 보시오.

③ 재결정으로 얻어진 시료의 적정결과 0.5 M NaOH 용액5를 ______ml 만큼 사용하여 시료에 아스피린이 ______mol 존재하는 것으로 계산된다. 그러나 시료를 100% 아스피린이라고 생각하면 이론적으로 0.5 M NaOH 용액을 ______ml 만큼 사용하여야 하는데, 이론값과 측정값이 다른 이유를 설명하여 보시오.

실험

C2 분자의 구조

실험 목적

화학식에 등장하는 화합물의 입체적인 구조를 모델을 이용하여 형상화해 봄으로써 분자내 원자간 결합 방법과 분자의 입체적인 구조를 이해할 수 있도록 함이 본 실험의 목적이다.

실험 배경

화합물의 구조는 2차원적으로 Lewis 구조를 시작으로 하여 3차원적인 원자가 전자쌍 반발 모델에 의한 구조로 그려질 수 있다. [그림 C2-1]에서 보이는 바와 같이 선형, 평면삼각형, 사면체, 삼각 이중 피라밋 구조, 팔면체 구조 등이 가능하다.

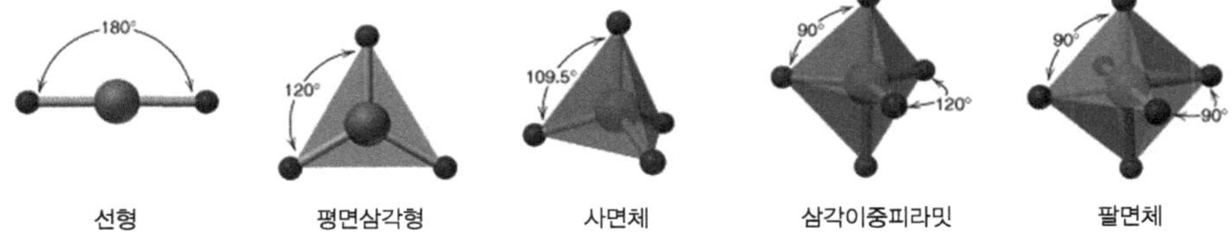

[그림 C2-1] 원자가 전자쌍 반발 모델에 의한 입체적인 분자구조

분자내 원자간 결합은 단일 결합과 이중 결합이 결합 길이(표 C2-1)와 혼성 궤도 함수의 종류(표 C2-2)가 다르다. 분자의 구조를 표현하는 방법은 그림 2에서 보이듯이 여러 가지가 있다. 유기분자의 경우 (a) 모든 결합을 선으로 표현할 수도 있고, (b) C-H 간 결합은 생략하고 그리는 방법, (c) 탄소를 생략하여 점으로 표현된 것이 탄소이며 각 탄소에 수소는 적당한 개수로 결합되어 있다고 보는 방법이 있다. 즉 1차 탄소에는 CH_3로 H가 3개 결합되고 2차 탄소에는 CH_2로 2개, 3차 탄소에는 CH로 1개가 결합되어 있음을 암시하고 있다. (d)

는 원자를 구로 결합을 막대로 표현하여 구와 막대(ball and stick) 모형이라고 한다. (e)는 각 원자의 반데르 발스 반경까지 고려하여 전자운이 차지하는 공간을 보기위한 모형으로 공간채움모형(space filling)이라 한다. (e)의 모형은 분자의 입체적인 구조가 치명적인 단백질이나 아미노산 등 생화학 물질의 구조를 연구할 때 중요하다. 컴퓨터 프로그램으로 이 모든 구조를 교환적으로 다양하게 변화시킬 수 있으나 실험실에서 간단한 구와 막대 모형으로 분자를 만들어 봄으로써 분자를 형상화 하는 것이 구조와 물성을 이해하는데 도움이 될 것으로 생각된다.

표 C2-1 몇 가지 원자간 결합 길이(pm)

결합 형태	결합 길이 (pm)
C—H	107
C—O	143
C=O	121
C—C	154
C=C	133
C≡C	120
C—N	143
C=N	138
C≡N	116
N—O	136
N=O	122
O—H	96

표 C2-2 혼성궤도 함수와 탄소 간 결합 종류

혼성궤도함수	sp	sp^2	sp^3
탄소간 결합	C≡C	C=C	C-C
결합 예	$CH_3C{\equiv}CH$	$H_2C{=}CH_2$	$H_3C\text{-}CH_2OH$

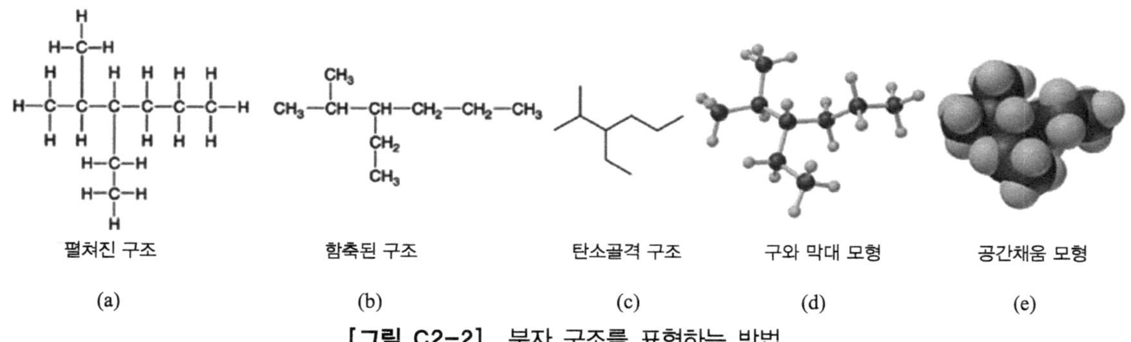

[그림 C2-2] 분자 구조를 표현하는 방법

 기구/시약

분자 모형 세트, 카메라

 실험 방법

① 분자 모형 세트에서 제시하는 단일 결합과 이중 결합 등 결합 종류에 따른 막대 크기를 확인한다.
② 원자를 나타내는 여러 형태의 구가 어떻게 다른지 구분하여 본다.
③ 다음의 분자들을 만들어 본다.

$$CH_3OH,\quad NH_2CH_3,\quad NH_2CH_2COOH,$$

④ 다음의 분자를 만들어 보고 각각 가능한 이성질체(기하이성질체, 광학이성질체)를 만들어 본다.

$$(CH_3)(NH_2)C{=}CH(CH_3),\ C(CH_3)(CH_2CH_3)(OH),\ C_6H_{12}(\text{cyclohexane})$$

⑤ 여러 세트를 통합하여 풀러렌(fullerene) C_{60}를 만들어 본다.

 결과 처리

만들어 본 분자들을 사진으로 저장하여 보고서에 첨부한다.

주의사항

실험 시작하기 전에 풀러렌의 구조와 물질적 특성에 대해 간단히 알아본다.
원자간 결합 길이를 단일결합, 이중결합, sp와 sp^2, sp^3 성향에 따라 정확히 구분하여야 거대 분자의 입체적 구조를 무리 없이 구성할 수 있다.

실험

C2 분자의 구조

학과	학번	이름	실험 일자(년 월 일, 교시)

1. 측정 결과 처리

① 각 분자 구조를 입체적으로 그려보고, 각기 다른 입체구조가 있는지 확인한 후, 각 탄소 원자의 혼성궤도함수를 예상해 본다.

CH_3OH	
NH_2CH_3	
NH_2CH_2COOH	
$(CH_3)(NH_2)C{=}CH(CH_3)$	
$C(CH_3)(CH_2CH_3)(OH)$	
$C_6H_{12}O_6$	
Fullerene	

② 각 화합물의 가능한 이성질체를 모두 사진으로 찍어 보고서에 첨부한다.

2. 질문

풀러렌의 물리적 특성과 구조 간의 관계를 추정해 보시오.

실험

C3 빛나는 물질

실험 목적

산-염기 반응을 통해 유기전계발광소자 재료로 사용되는 금속염을 합성하여, 치환기에 따른 각 금속염의 발광 색을 관찰하고 컴퓨터를 이용한 분자 모의실험으로 HOMO, LUMO, Band Gap 및 흡수파장을 구해보고, 모의실험의 원리 및 그 활용방법에 대해서 알아본다.

실험 배경

인류는 전기의 발명 이후 전기를 이용한 여러 가지 장치(Device)를 개발하였으며, 약 1900년대 초부터는 유기재료의 특수한 기능을 이용하여 다양한 전자소자(Electronic Device)를 연구하기 시작하였으며, 그 중에서 가장 획기적인 진보가 액정표시장치(LCD: Liquid Crystal Display)의 상용화이다. 그러나 LCD는 지속적인 진보에도 불구하고 근본적인 몇 가지 단점들 때문에 차세대 표시장치로서의 대안이 되기 어렵다는 논쟁에 휘말리게 되었다. 이와 같은 이유로 전계발광표시소자(FED: Field Emission Display), 무기전기발광표시소자(LED: Light Emitting Diode), 유기전계발광소자(OLED: Organic Light-Emitting Diode) 등이 연구개발 되었으나 그 중에서 OLED 디스플레이는 저전압구동, 높은 발광효율, 넓은 시야각, 그리고 빠른 응답속도 등의 장점을 가지고 있어서 고화질의 동영상을 표현할 수 있는 차세대 평판 디스플레이 기술 중의 하나로서 현재 한국, 대만, 일본 등 세계 각국은 대량 생산 설비를 만들고 OLED 양산화에 박차를 가하고 있다.

[그림 C3-1]은 가장 기본적인 단층형 OLED의 동작 기구를 나타내고 있다. 보통 약 100 nm 정도의 두께를 갖는 유기 발광 막(빛나는 물질) 양 끝단에 양극과 음극을 형성한다. 그리고 외부로부터 소자에 전압을 인가하게 되면 양극

에서는 유기 발광층의 정공 전도 준위(HOMO: Highest occupied molecular orbital)로 정공이 주입되고 음극으로부터는 전자 전도 준위(LUMO: Lowest unoccupied molecular orbital)로 전자가 주입된다. 이 때, HOMO는 분자 내 전자에 의해 점유된 수많은 에너지 준위 중 가장 높은 에너지 준위를 뜻하며 보통 유기분자의 기저 상태를 일컫는다. 이와 반대로 LUMO는 분자 내 전자가 비어 있는 수 많은 준위 중 가장 낮은 에너지 준위를 뜻하며 보통 유기분자의 여기상태를 말한다. 이렇게 주입된 각각의 전자와 정공은 전계 구배(전압 차이)를 구동력으로 하여 인접 분자 사이에서 전자 교환(산화·환원)을 일으키며 서로 반대 전극으로 이동하여 가고 그 과정에서 전자와 정공은 재결합하고 여기자(exciton)를 형성하여 이로부터 특정한 파장의 빛이 발생하도록 설계되어 있다.

발광층에 사용되는 유기 발광 물질은 전자 주게 및 전자 받게 특성을 갖는 치환체를 화합물에 적용함에 따라 HOMO와 LUMO 에너지 준위의 차이에 해당하는 에너지 밴드갭(E_g)을 조절할 수 있으며 따라서 발광하는 빛의 색을 자유롭게 조절하는 것이 가능하다. 여기서는 리튬 퀴놀레이트(Liq)와 메틸이 치환된 리튬 메틸 퀴놀레이트(LiMeq)를 각각 합성하고[그림 C3-2], 분자 시뮬레이션을 통해 이들의 광발광 특성을 고찰하며, OLED 작동의 기본 원리를 익힌다.

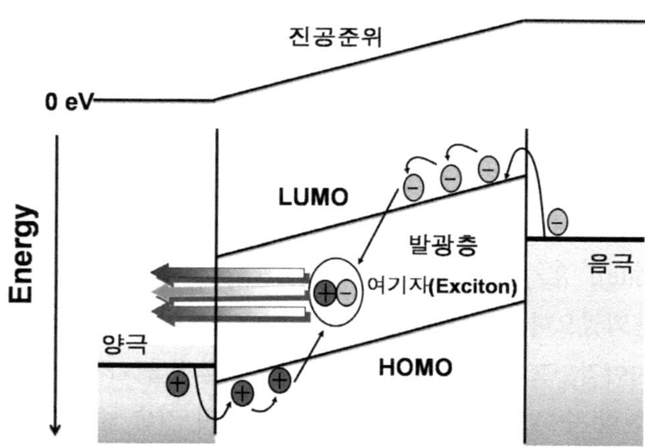

[그림 C3-1] 단층형 OLED의 구동원리

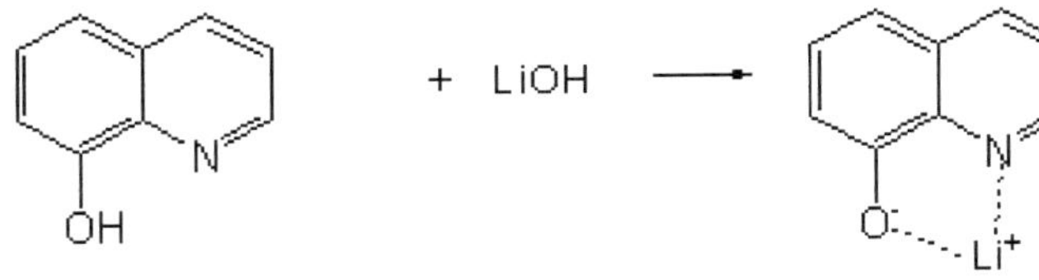

+ LiOH →

8-히드록시퀴놀린

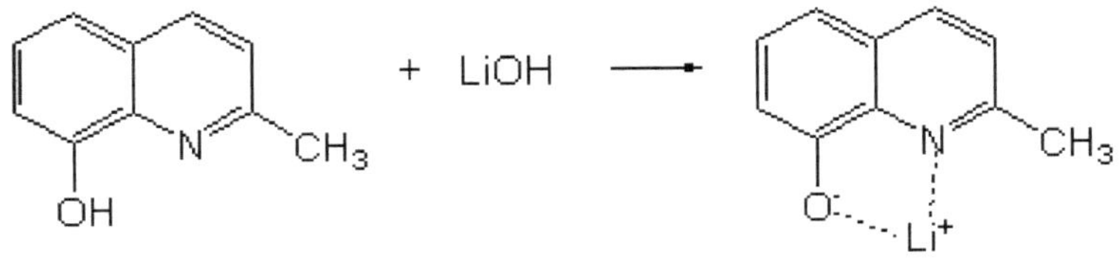

+ LiOH →

2-메틸-8-히드록시퀴놀린

[그림 C3-2] 8-히드록시퀴놀린 및 2-메틸-8-히드록시퀴놀린과 수산화리튬 간 산-염기 반응

기구/시약

비커(100 ml)
8-히드록시퀴놀린(qH)
수산화리튬(LiOH)
깔대기
삼각플라스크(250 ml)
루브렌(rubrene)
젓기용 막대
2-메틸-8-히드록시퀴놀린(MeqH)
거름종이
자외선램프
분자 모사 소프트웨어

실험 방법

1. Liq 만들기

① qH 0.2 g을 비커에 넣고 다이클로로메탄 20 ml를 넣어 qH를 녹인다.
② 이 용액에 LiOH 0.033 g을 넣어준다.
③ 용액을 계속 저어주면서 일어나는 현상을 관찰한다.
④ 거름 장치를 통해 형성된 침전을 거르고 걸러진 침전을 건조시키고 무게를 잰다.

⑤ 어두운 곳에 자외선 램프를 설치하고 건조시킨 Liq에 램프를 쪼여주어 발광하는 색을 관찰한다.

2. LiMeq 만들기

① MeqH 0.2 g을 비커에 넣고 다이클로로메탄 20 ml를 넣어 MeqH를 녹인다.

② 이 용액에 LiOH 0.033 g을 넣어준다.

③ 용액을 계속 저어주면서 일어나는 현상을 관찰한다.

④ 거름 장치를 통해 형성된 침전을 거르고 걸러진 침전을 건조시키고 무게를 잰다.

⑤ 어두운 곳에 자외선 램프를 설치하고 건조시킨 LiMeq에 램프를 쪼여주어 발광하는 색을 관찰한다.

3. 발광 물질 비교

① Liq, LiMeq, rubrene을 같은 거름종이에 조금씩 덜어 발광색을 비교하고, 사진을 찍어 보고한다.

3. Liq와 LiMeq의 HOMO, LUMO, Band Gap 및 흡수파장 계산하기

1) 분자 모사 소프트웨어 (Molecular Simulation Software)

① Ab initio : DALTON, GAMESS, Gaussian MOLPRO, PSI, Q-Chem, Spartan 등

② Semi-empirical method : CNDO, MNDO, ZINDO 등

③ Empirical method : AMBER, CHARM, MM2, AMMP 등

2) 분자 구조 최적화 (Geometry Optimization or Energy minimization)

분자 구조 최적화란 물질이 에너지 적으로 안정한 상태(energy minima)에 도달할 때까지 더 낮은 에너지의 배열형태를 생성하는 방향으로 좌표를 변화시켜 나감으로써 물질의 구조를 최적화하는 과정(geometry optimization)을 말한다. 이때 물질의 가장 안정한 상태를 포괄적 최저(global minima)라 하는데, 물질의 배열을 변환해 가는 과정에서 다양한 지엽적 최저(local minima)가 존재하므로 다양한 최저 에너지 구조를 찾아내고 이들 중 에너지 적으로 가장 안정한 형태를 얻어는 방법을 취하게 되는데 이 과정을 배

열 형태를 찾는 과정(conformational scarch)이라 한다.

3) 분자의 성질 계산

- **Gaussian**: 유기물질, 유기금속물질이나 금속물질 등에 대한 Ab initio 계산 software로서 밀도함수이론(Density Function Theory: DFT)을 사용한다. Gaussian을 이용하면 분자의 전자에너지, 구조 결정, 진동 주파수, 쌍극자 모멘트, IR and Raman spectra, UV/VIS spectra, NMR properties 등 다양한 분자의 성질을 예측할 수 있으나 계산시간이 오래 걸림.
- **ZINDO**: Semi-empirical method의 하나로 분자의 분광학적 특성을 비교적 빠른 시간에 정확히 예측할 수 있다.

① 컴퓨터 전원을 켜고, 분자 모사 소프트웨어 프로그램을 실행한다.
② 모사하고자 하는 Liq와 LiMeq 구조를 새로운 파일로 그린다.
③ 모사 단위 중에서 RHF와 RB3LYP 방법으로 분자 구조 최적화를 실행한다.
④ 위의 계산결과에서 HOMO값, LUMO값을 확인하고 Band Gap(E_g)의 에너지에 대한 정보를 확인한다.
⑤ Time-dependent DFT (TD-DFT)/singlet 또는 ZINDO/singlet 계산을 통해 흡수 파장을 얻은 후 두 물질의 흡수스펙트럼(λ_{max})을 비교한다.

결과 처리

① 합성된 각 발광물질의 수득률을 계산하고 발광 색을 기록한다.
② Liq, LiMeq, rubrene을 동시에 발광시키고 사진을 찍어 보고한다.
③ 분자 시뮬레이션을 통해 계산된 각 발광물질의 HOMO와 LUMO 준위 및 E_g을 기록한다.

주의사항

자외선 램프에서 나오는 빛은 유해하므로 눈을 비롯한 인체에 노출되지 않도록 유의한다.

실험 C3 빛나는 물질

학과	학번	이름	실험 일자(년 월 일, 교시)

1. 측정값

반응	Liq 반응	LiMeq 반응
qH 무게		
Li 화합물 무게		
반응 중 일어나는 현상		
반응 후 얻어지는 고체의 색		
자외선을 쪼인 고체의 발광색		

2. 계산값

Liq 에너지 준위 측정

HOMO :

LUMO :

E_g :

λ_{max} :

LiMeq 에너지 준위 측정

HOMO :

LUMO :

E_g :

λ_{max} :

3. 질문

① qH 및 MeqH와 반응한 LiOH의 몰수비는 얼마인가?
② 광 디스플레이에서 총 천연색을 구현하기 위한 빛의 삼원색은 무엇인가?
③ OLED의 동작원리를 이해하고 간단히 설명하시오.
④ 치환기에 따라 분자의 에너지 준위 및 발광색이 변하는 이유를 설명하시오.

실험

C4 염료와 염색의 원리

실험 목적

염료의 종류와 염색되는 원리를 알아보고, 간단한 염료를 만들어 손수건에 염색하여 본다.

실험 원리

염료(dye)는 염색이 되는 원리에 따라, 천 표면의 염료가 직접 화학 결합을 하는 직접 염료(directed dye), 화학 반응에 의해 섬유 사이에 퍼져 염색되는 현색 염료(developed dye), Al, Cu, Zr, Cr 등의 금속들이 이용되는 매염 염료(mordant dye), 염료의 산화·환원에 의해 염색이 되는 건염 염료(vat dye), 그 밖에 섬유 분자와 염료 분자 사이의 거리로 인해 결합이 형성되는 디아조 염료(diazo dye), 새로운 염색 방식인 반응성 염료(fiber-reactive dye) 등이 있다.

직접 염료에는 염료 표면에 양이온의 형성되는 양이온 염료(예; malachite green)와 염료 표면에 음이온이 형성되는 음이온 염료(예; tartrazino, picric acid)의 두 가지가 있다. 이들은 분자가 양쪽성 이온(zwitterion)을 형성하는 모나 실크, 나일론 같은 섬유와의 이온결합에 의해 염색된다.

• 음이온 염료

$$[\text{염료}]-SO_3^-Na^+ + {}^+NH_3-[\text{섬유}] \longrightarrow [\text{염료}]-SO_3^-\,{}^+NH_3-[\text{섬유}]$$

• **양이온 염료**

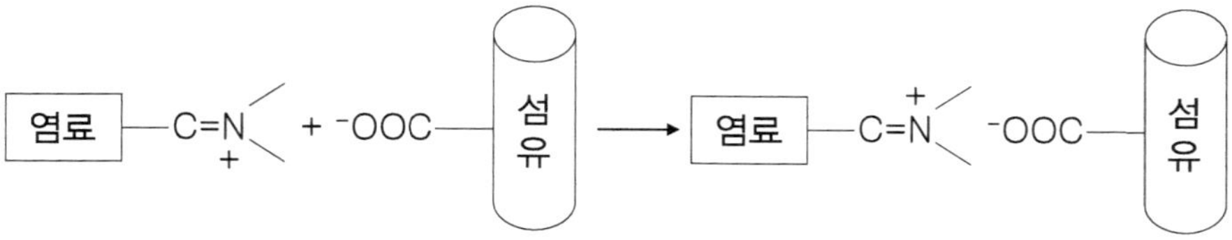

염료 —C=N⁺< + ⁻OOC— 섬유 ⟶ 염료 —C=N⁺< ⁻OOC— 섬유

인그레인 염료(ingrained dye)라고도 불리는 현색 염료(예; para red)는 천을 구성하는 섬유의 사이의 빈 공간에 퍼져 들어가서 염색이 된다. 만일 염료 분자가 클 경우는 천의 표면에 간단히 결합하게 된다.

주로 면에 잘 염색되는 알리자닌(alizarin)은 매염 염료의 대표적인 예이다. 이것은 알루미늄, 구리, 크롬, 주석, 철 등의 금속과 킬레이트 착화합물을 형성할 수 있는 구조로 되어있다. 따라서 형성된 착화합물은 면과 같은 섬유의 하이드록시기와 배위결합을 하게 된다. 매염제는 면섬유와 착화합물을 형성 할 수 있도록 처리한 황화구리와 같은 금속염을 말하는 것이다. 즉, 천을 매염 처리한 후에 염색하는 것이다.

거의 모든 섬유에 염색이 잘 되는 염료의 대표적인 것이 건염 염료이다. 이 염료는 산화 되었을때는 물에 녹지 않으나, 환원이 되면 물에 잘 녹는다. 물에 녹지 않는 파란색 염료인 인디고(indigo)가 건염 염료이다. 이것은 $Na_2S_2O_4$에 의해 루코인디고(leucoindigo)로 환원되어 물에 잘 녹는 무색 물질로 된다. 이러한 산화와 환원을 이용하여 천에 염색을 하는 이 방법은 블루진의 염색에 주로 이용된다.

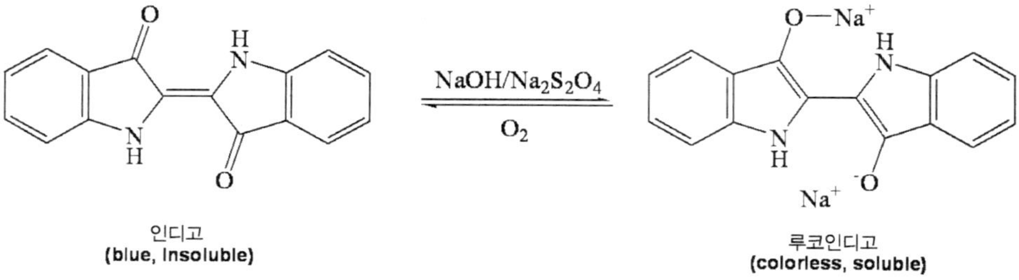

$NaOH/Na_2S_2O_4$ ⇌ O_2

인디고 (blue, insoluble)

루코인디고 (colorless, soluble)

콩고레드(Congo red)와 같은 염료는 면 섬유 분자가 가지고 있는 하이드록시기 사이의 거리와 염료 분자가 가지고 있는 두 -N=N-(azo) 사이의 거리가 비슷해서 염색이 가능한 디아조 염료이다.

다음에 여러 가지 염료들의 염색 원리를 그림으로 나타내었다.

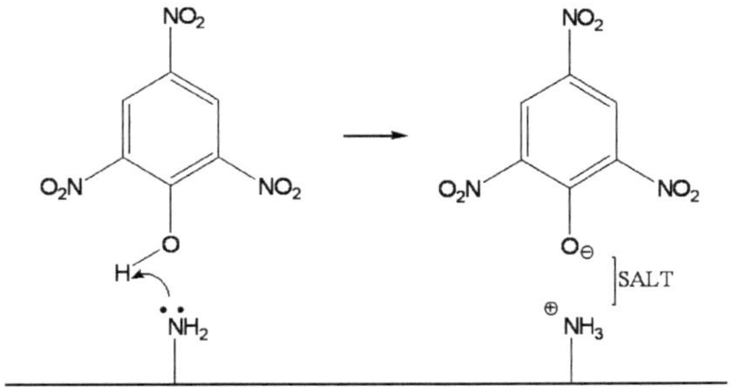

[그림 C4-1] 직접 염료

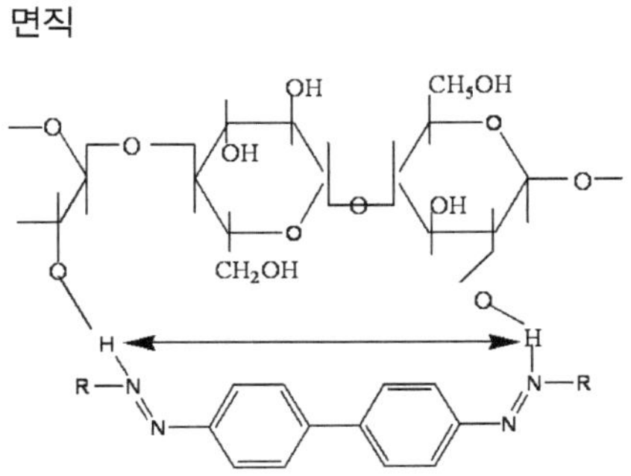

[그림 C4-2] 디아조 염료

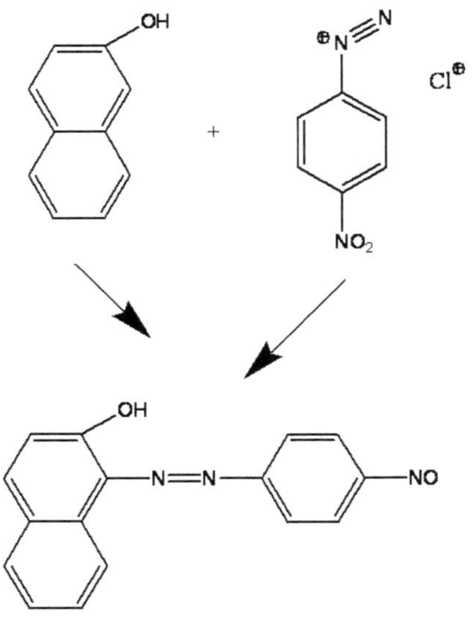

[그림 C4-3] 인그레인 염료

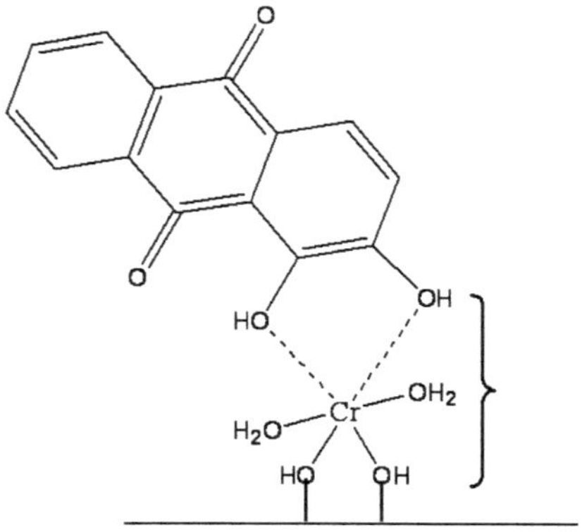

[그림 C4-4] 매염 염료

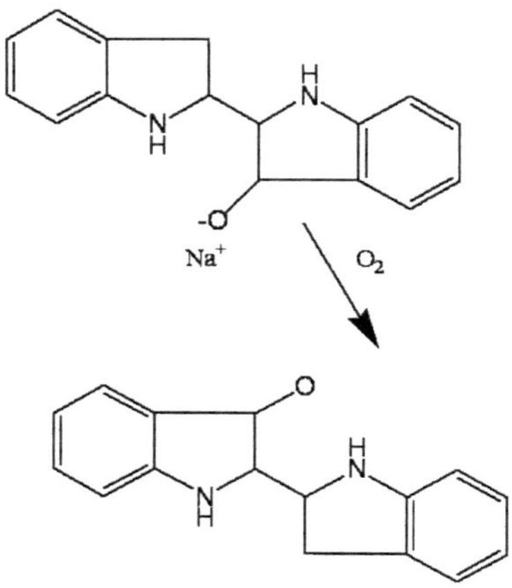

[그림 C4-5] 건염 염료

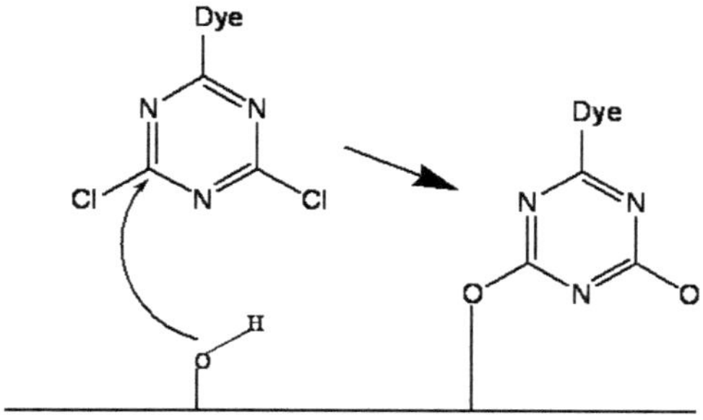

[그림 C4-6] 반응성 염료

이 실험에서는 직접 염료 중 음이온 염료인 피크르산(picric acid)과 양이온 염료인 말라카이트 그린(malachite green), 그리고 디아조 염료인 콩고레드(congo red)를 이용해 면으로 된 천에 염색한다. 세 가지 염료 분자들의 구조는 다음과 같다.

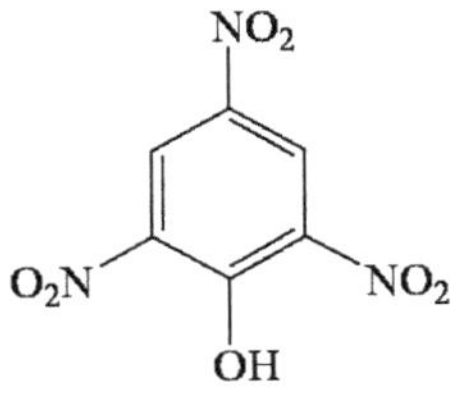

피크르산

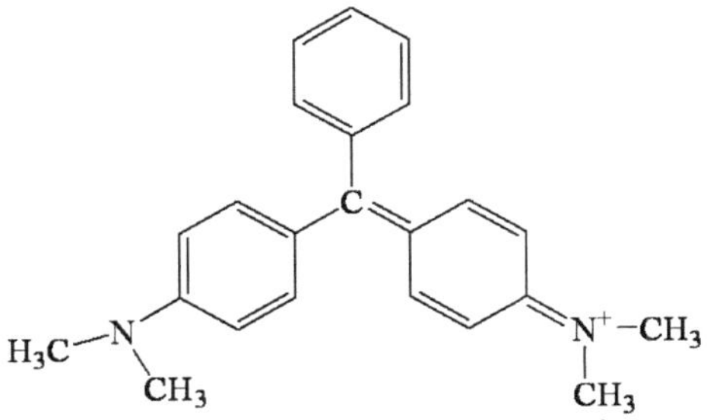

말라카이트 그린

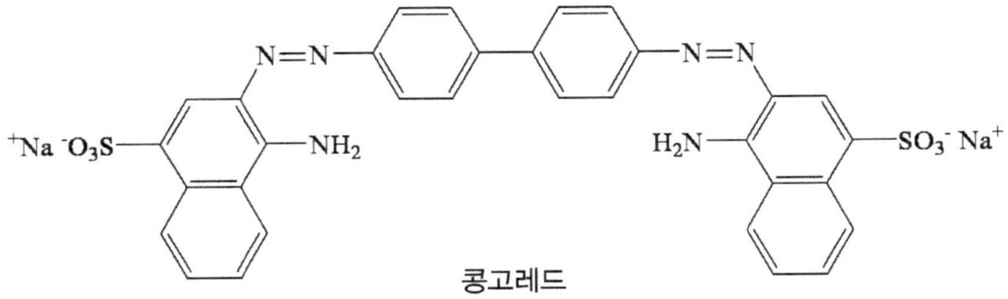

콩고레드

기구/시약

기구	시약
비커	picric acid
중탕기	congo red
전열기	malachite green
핀셋	진한 황산
면으로 된 천 조각(9개씩)	10% Na_2CO_3 용액
	10% Na_2SO_4 용액

실험 방법

1. Picric acid

1) 60 ml의 물이 담긴 100 ml 비커에 picric acid 0.5 g을 녹인다.
2) 진한 황산 2~3방울을 가한다.
3) 물중탕으로 용약을 따뜻하게 해준다.
4) 3개의 천 조각을 비커에 담근다.
5) 각 2분, 4분, 10분 후 핀셋으로 천 조각을 꺼내 따뜻한 물로 헹궈준다.

2. Malachite green

1) 비커에 50 ml의 뜨거운 물을 넣고 malachite green 0.1 g을 녹인다.
2) 천 조각을 넣었다 시간을 달리하여(2, 4, 10분) 꺼내어 건조시킨다.

3. Congo Red

1) 100 ml의 뜨거운 물이 담긴 비커에 congo red 0.1 g을 녹인다.
2) 10% Na_2CO_3 수용액 1 ml와 10% Na_2SO_4수용액 1 ml를 섞어서 용액에 가한다.
3) 물중탕으로 용액을 따뜻하게 해준다.
4) 천 조각을 비커에 넣은 후 2분, 4분, 10분 후에 꺼내어 따뜻한 물로 헹궈 준다.

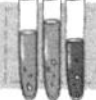
주의사항

염료가 옷에 묻을 수 있으니 주의해야 한다.
진한 황산은 매우 위험하므로 유의하여 다루도록 한다.

결과 처리

- 염색된 손수건을 잘 말린 뒤 어느 염료의 색이 손수건에 잘 들었는지 관찰해 보시오. 사진으로 보고 한다.
- 각 염료의 분자 구조를 한 번씩 그려 보시오.

실험 C4 염료와 염색의 원리

학과	학번	이름	실험 일자(년 월 일, 교시)

1. 측정

① 각 염료에 넣은 천을 몇 분 후에 꺼내는 것이 가장 염색이 잘되었다고 생각하는가? 5점 만점으로 평가하시오.

	2분 후	4분 후	10분 후
Picric acid			
Malaclite green			
Congo red			

② 세 염료가 면직에 염색된 정도를 평가하시오. 5점 만점으로 평가하시오.

	시간	점수
Picric acid		
Malaclite green		
Congo red		

2. 질문

① 각 염료가 어떻게 작용하였던 것인지 논의하여 보시오.

② 손수건의 천 종류(예: 면, 마, 실크, 모 등)와 염료와는 어떤 관계가 있을까?

③ 위에서 염색이 잘 되었다고 평가하기 위한 척도를 어떤 것으로 잡는 것이 적절하다고 생각하는가?

실험

C5 바이오디젤 만들기

실험 목적

자동차나 배와 같은 운송수단의 연료에서 발생하는 이산화탄소와 대기오염 문제를 해결하는 방법으로 재생 가능한 바이오매스를 원료로 사용하는 바이오디젤에 대한 관심이 높아지고 있다. 이러한 식물성 유지를 사용하여 바이오디젤을 생산하는 전이에스테르화 반응을 이해한다.

실험 배경

디젤자동차의 엔진인 디젤기관은 원래 땅콩기름으로 움직이도록 설계되었다. 그러나 저렴한 석유가 개발되면서 식용유 대신 경유로 움직이도록 개조되어 오늘날에 이르렀다. 깨끗한 식용유라면 식용유만으로도 디젤차는 움직일 수 있으나, 현재의 디젤차는 경유를 사용했을 때 적합하게 만들어져 점도가 높은 식용유를 계속 사용하기는 어려운 점이 있다. 그러나 바이오디젤은 제조과정에서 점성이 경유와 비슷한 수준으로 바뀌기 때문에 따로 연료계통의 개조없이 100% 주입해서 사용할 수 있는 것이다.

원유로부터 디젤유를 생산하여 디젤연료로 사용되었으나, 최근 화석연료의 고갈 및 가격 상승으로 페트로 디젤유의 원료 수급문제가 발생하고 1990년대 이후 지구온난화문제로 인해 "기후변화협약" 등 환경 문제가 대두되었다. 바이오디젤은 재생 가능한 바이오매스(biomass)인 콩, 옥수수, 유채 등에서 유래한 식물성 유지를 원료로 사용하므로, 화석연료에 대한 의존 탈피 가능하고, 탄화수소, 이·일산화탄소, SOx 등의 대기오염을 줄이는 환경친화적이다. 특히, 바이오디젤을 차량연료로 사용시 발생하는 CO_2는 유지작물 성장시 다시 이용됨에 따라 바이오디젤의 CO_2 배출저감효과는 2.2 kg CO_2/kg 바이오디젤로 평가된다. 미국은 대기청정법에 의거 바이오디젤을 청정에너지로 지정하였고 20% 수

준의 바이오디젤을 함유한 혼합연료의 사용을 권장하고 있으며, 유럽은 화석연료의 5%에 대해 바이오연료로 대체하기 위해 감세정책을 펼치고 있어 2003년 유럽의 바이오디젤 생산량은 150만톤 수준에 도달하였다.

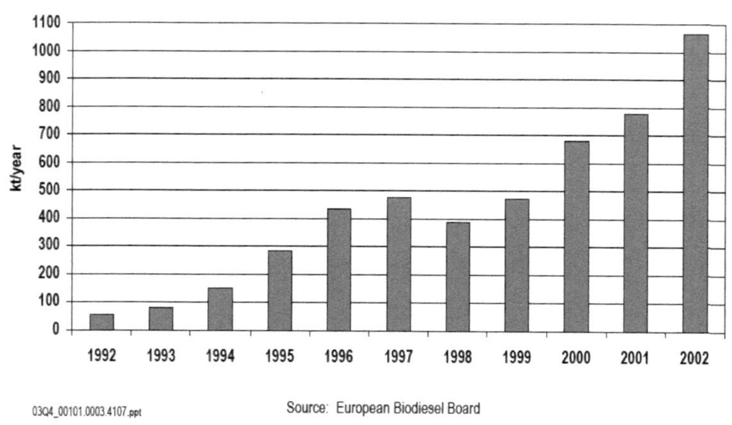

[**그림 C5-1**] 유럽에서 생산되는 바이오디젤(kt/년), 1992~2002

바이오디젤은 지식경제부 석유사업법, 재정경제부 특별소비세법에 대체에너지로 명시되었고, 2011년까지 신재생에너지 5% 목표 달성의 유효 수단이다. 현재 가야에너지, 단석산업 등의 업체가 바이오디젤을 생산하고 있고, 최근 SK케미칼이 바이오디젤사업의 유럽 시장 진출을 추진하고 있다. SK케미칼은 지난 2009년 3월 유화설비(DMT)를 활용한 바이오디젤 생산기술 개발에 성공, 연간 생산능력 12만t(13만6천kl) 규모로 가동하고 있다.

바이오디젤 생산시 약 83%는 유채유를 사용하고 있으며. 13%가 해바라기유, 2%가 대두유, 1%가 팜유를 사용하고 있다. 바이오디젤의 사업화 가능성을 높이기 위해 식물유지를 값싸고 안정적으로 공급받을 수 있어야 한다.

지금까지의 바이오디젤 생산기술은 직접 사용하거나, 마이크로 에멀전법, 열분해법, 전이에스테르화법이 사용된다. 간단하게는 식물유지나 폐식용유를 여과하여 디젤연료와 혼합 사용하나, 실온에서의 높은 점성, Carbon Deposit, Oil Ring Sticking 등의 문제 발생함에 따라 현재 산업적으로 사용되는 전이에스테르화법은 촉매에 따라 염기-촉매 알코올 분해, 산-촉매 알코올 분해, 효소-촉매 에스테르 결합전이 반응으로 구분된다. 전이에스테르화법은 식용유의 주성분인 트리글리세리프에 결합된 지방산을 메탄올, 에탄올 등과 같은 단쇄기 알콜과 전이에스테르화 반응을 통해 유황과 방향족 탄화수소가 없는 바이오디젤(메칠

에스테르)을 생산하며, 생산된 메틸에스테르는 점도가 낮고 디젤엔진에서 연소특성이 우수하다. 전이에스테르화법에서 현재 사용되는 공법은 대부분 KOH나 NaOH 같은 알칼리 화학촉매를 사용하고 있으며, 반응후 촉매 제거, 폐수, 에너지 소모 등의 문제점이 있어 최근에는 Lipase같은 바이오촉매를 사용하려는 연구도 진행 중이다. 전이에스테르화법은 Alcoholysis법으로 알려져 있는데, 식물유지를 산, 염기, 효소 존재 하에 알콜로 전이에스테르화 반응하여 유지에서 유래한 지방산메틸에스테르와 글리세롤을 생성하며, 글리세롤을 분리한 후, 지방산 메틸에스테르인 바이오디젤이 생산된다. 지방산이 3개 결합되어 있는 Triglyceride는 메탄올에 의해 전이에스테르화반응을 진행하고, Diglyceride, Monoglyceride, Glucerol을 거쳐 각 단계마다 1몰의 지방산 메틸에스테르를 생성하는 것이다.

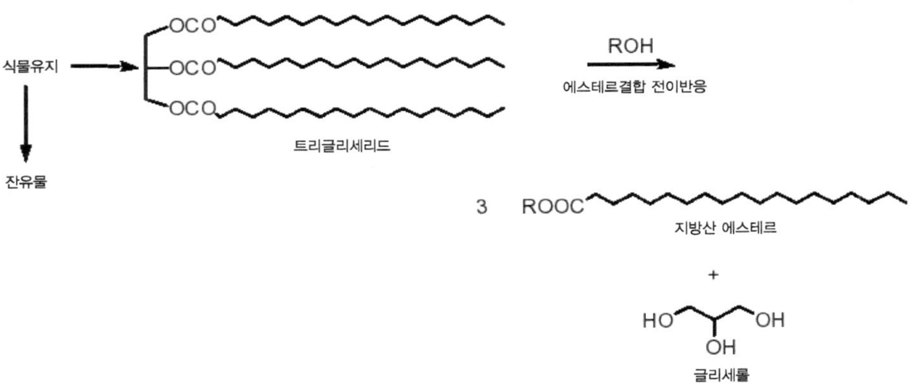

[그림 C5-2] 전이에스테르화 반응 개략도

기구/시약

250 ml, 1000 ml 삼각플라스크 50, 200 ml 눈금실린더
온도계 식용유
글리세린 KOH
TLC(silica gel 60 F254) 가열교반기
용액 1: (hexane : ethyl acetic : acetic acid = 90 : 10 : 1) (v/v)
용액 2: (sulfuric acid : methanol = 1 : 1) (w/w)

실험 과정

① 정량의 식물섬유 메탄올 및 촉매를 준비한다.
- 식물성유(대두유/유채유) 107 ml를 준비한다.
- 메탄올을 식물성유에 대하여 6 몰비인 32 ml를 준비한다.
- 촉매(KOH)를 식물성유에 대하여 0.5 wt. %를 준비한다.

② 식물성유, 메탄올 및 촉매를 60°C로 유지하면서 30분 동안 교반한다.

③ 바이오디젤-메탄올-글리세린-KOH 혼합액을 과량의 물로 수세한다.
- 하부에 글리세린이 짙은 갈색을 나타낸다.
- 바이오디젤은 물에 용해되지 않으나 기타용액은 물에 용해되므로 적당한 물과 혼합액을 교반한 후 안정화시키고 상등액을 회수한다.
- 이 과정을 약 3회 정도 반복한다.

④ 회수한 바이오디젤은 100°C 이상으로 가열하여 잔여 수분을 제거한다.
- 기포(수증기)가 발생하며 이것이 더 이상 나타나지 않을 때까지 가열한다.

결과 처리

반응을 시작하기 전과 끝난 후 생성된 바이오디젤을 TLC(thin-layer chromatography)를 사용하여 반응결과를 분석한다.

실험

C5 바이오디젤 만들기

학과	학번	이름	실험 일자(년 월 일, 교시)

1. 측정값

① 바이오디젤이 생성되는 과정을 관찰하고 기록하시오.

② TLC 그림을 그리고 R_f 값을 계산하시오.

③ 수득률

2. 질문

① 반응 후 하부에 나타나는 진한 갈색 용액은 무엇인가?

② 과량의 물로 수세하는 이유는 무엇인가?

③ 과량의 물로 수세를 하면 다량의 오염수가 생성된다. 이러한 오염수의 발생을 줄이기 위해서는 반응공정을 개선해야하는데, 어떤 방법으로 전이에스테르화반응을 진행하면 오염수의 발생을 최소화할 수 있을까?

실험

C6 크린징 크림 만들기

실험 목적

우리의 생활 주변에서 흔히 접할 수 있는 원료로부터 크린징 크림(cleansing cream)을 만들어 보고, 이들의 합성에 이용되는 에멀젼 반응(emulsification)에 대해 이해한다.

실험 배경

크린징 크림(cleansing cream)은 상당량의 물속에 기름(oil)과 왁스(wax)가 에멀젼 상태로 있는 것을 나타낸다. 에멀젼(emulsion)이라 하는 것은 비수용성 액체가 물속에 작은 크기의 방울 상태로 분산되어있는 것을 말한다. 기름과 왁스를 물에서 혼합을 하면, 아주 작은 방울 상태(지름이 약 1/1000 mm)로 존재하게 된다. 이때 두 액체가 분리되는 것을 막고 같이 존재하도록 해 주는 것이 에멀젼화제(emulsifying agent)인데 주로 스테아린 산과 레시틴(lecithin)이 주로 사용된다. 올리브 기름이 식초에 분산되어 있는 에멀젼의 한 예인 마요네즈의 경우, 레시틴을 에멀젼화제로 사용하고 있다. 오늘 우리가 실험하게 되는 크린징 크림 만들기에서는 스테아린 산이 사용된다. 이들 에멀젼 혼합물은 피부에 묻어 있는 먼지나 기름기 등을 분리하여 물이나 기름에 녹여낼 수 있도록 해준다.

- **에멀젼**(emulsion)

화장품에 쓰이는 에멀젼은 유동성이면서 유화 형태를 갖고 영양효과를 주므로 흔히 영양화장수라고 하며, 피부 수분공급에 효과적이어서 모이스춰라이저(moisturizer)라고도 불리운다. 에멀젼의 중요한 역할은 무엇보다 수분 보호막을 만드는 것이다. 에멀젼은 부족한 수분과 유분을 공급하여 유,수분의 균형을 회

복시켜 매끄럽고 탄력있는 피부로 만들어줄 뿐 아니라, 피부에 노화가 오기 쉬운 부분에서도 효과적이다.

기구/시약

중탕기
메스실린더
stirrer와 stirring bar
크린징 크림 담을 용기(종이컵)
잘게 자른 파라핀 왁스(paraffin wax : 5 g)
sodium borate(Borax : 0.4 g)
stearic acid(0.4 g)

비커
온도계
테스트용 색조 화장품
스포이드
미네랄 오일(mineral oil : 30 ml)
향수나 방향제

실험 방법

1. 용액 Ⓐ 만들기

① 먼저 물중탕(70℃) 준비부터 한다. 비커(250 ml)에 파라핀 5 g을 넣고 다 녹을 때까지 중탕가열한다(70℃유지).

② 파라핀이 다 녹으면, 0.4 g의 stearic acid와 30 ml의 미네랄 오일(눈금실린더 이용)을 첨가한 후, 계속 70℃가 유지되도록 중탕가열하면서 용액 ②를 준비한다.

2. 용액 Ⓑ 만들기

① 비커(100 ml)에 20 ml의 증류수를 70℃까지 데운다.

② 0.4 g의 sodium borate(Borax)를 ①의 따뜻한 물에 넣고 모두 녹을 때까지 젓는다.

③ 60℃까지 식힌다.

▶ 이때, sodium borate는 크린징 크림의 세척 효과를 돕는 역할을 한다.

3. 에멀젼 만들기

① 일정하게 저으면서(stirrer 이용) 60℃의 용액 Ⓑ를 60~70℃의 용액 Ⓐ에

천천히 가한다(스포이드 사용).

② 향수를 한 방울 정도 첨가하고 미리 준비한 용기에 옮겨 담는다.

③ 크린징 크림이 식을 때까지 계속해서 젓는다(액체 상태에서 시간이 지날 수록 뻑뻑해짐).

④ 손에 립스틱이나 다른 색조 화장품을 발라서 각자가 만든 크린징 크림을 이용해서 닦아보고, 그냥 휴지만으로도 닦아보고 이들을 비교해 본다.

주의사항

① 파라핀 왁스와 미네랄 오일은 불이 붙기 쉬운 물질이므로 직접 불꽃이 닿거나 과열되지 않도록 주의한다.

② Sodium borate(Borax)는 화장품 제조에서 많이 사용되는 화학물질이긴 하나, 개인에 따라 민감하게 반응할 수도 있다.

실험

C6 크린징 크림 만들기

학과	학번	이름	실험 일자(년 월 일, 교시)

1. 관찰

손등에 립스틱이나 다른 색조 화장품을 발라서 각자가 만든 크린징 크림을 이용해 지워보고, 그냥 휴지만으로도 닦아 보고 이들을 비교해 본다.

2. 질문

에멀젼 반응(emulsification)에 대해 알아보고, 우리 생활 주변에서 에멀젼 반응을 이용한 예를 들어보시오.

실험

C7 비누 만들기

실험 목적

우리 생활 주변에서 흔히 접할 수 있는 원료로부터 비누를 만들어 보고 이들의 합성에 이용되는 비누화 반응과 염석 효과에 대해 이해한다.

실험 배경

비누의 역사는 기원전 600년경 페니키아인들이 산양의 우지와 나무의 재를 이용해서 비누를 만들어 썼다는 기록이 남아 있으며, 잿물을 이용한 비누는 페니키아뿐만 아니라 세계 곳곳에서 사용되었다. 로마인들은 잿물에 세척한 옷을 썩은 오줌물에 넣고 세척한 후 물에 헹구었는데, 이는 오줌의 특성 성분이 표백제 역할을 한 것으로 생각된다. 8세기가 되면서 지중해 연안, 특히 이탈리아 및 스페인에서 비누 제조업이 번성하게 되었다. 특히 이탈리아의 사보나 지역이 비누 제조업의 중심이 되면서 사보나는 비누를 가리키는 라틴계 호칭의 어원이 되었다.

중국에서는 한해살이풀의 일종인 여뀌의 즙과 밀가루에 잿물을 섞어서 비누를 만들어 사용하였고, 우리나라는 중국의 영향을 받아 석감이라는 중국의 비누를 사용하였다. 이외에 팥으로 만든 조두는 고급 세정제로 신라 때부터 조선시대 말까지 사용되었다. 세정 및 미백 효과가 있는 조두를 만들 형편이 못되는 집에서는 콩깍지 삶은 물을 사용하였고, 고운 쌀겨를 무명 주머니에 담아 문지르기도 했다. 서양식 비누는 네덜란드인 하멜(H. Hamel)에 의해 처음으로 우리나라에 알려졌다.

비누의 발전은 18세기에 본격적으로 이루어졌다. 1790년 르블랑(N. Leblanc)에 의한 식염으로부터의 탄산 소듐 제조법이 발명되었고, 20세기에 들어와서는 유지 경화법의 공업화와 각 제조 공정의 기계화가 진척되고, 또 유지의 연속 고압 분해, 연속 비누화, 염석, 지방산의 연속 중화, 소지 비누의 연속 건조 등의 자동화 기술도 확립되어, 오늘날의 비누 제조는 극히 합리화된 공업으로 발전하였다

비누의 원료가 되는 유지는 일반적으로 탄소수가 많은 고급 지방산인 Stearic acid($C_{17}H_{35}COOH$), Palmitic acid($C_{15}H_{31}COOH$), Oleic acid($C_{17}H_{33}COOH$), Glycerol($(CH_2OH)_2CHOH$)과 에스테르($C_3H_5(C_nH_{2n+1}COO)_3$)와 혼합물을 말하고 그 일반식은 다음과 같다.

$$\begin{array}{l} CH_2OCOR' \\ | \\ CH\ OCOR'' \\ | \\ CH_2OCOR'' \end{array}$$

글리세리드는 알칼리와 함께 끓이면 비누화(saponification)가 일어나서 지방산의 알칼리 금속염(비누)과 Glycerol이 생긴다. 이 지방산의 금속염이 비누이며, 금속의 종류에 따라 소듐 비누, 포타슘 비누, 아연 비누 등이 있다.

$$\begin{array}{ccccccc} CH_2OCOR' & & & & CH_2OH & & R'COONa \\ CHOCOR'' & + & 3\ NaOH & \longrightarrow & CH_2OH & + & R''COONa \\ CH_2OCOR''' & & & & CH_2OH & & R'''COONa \\ \text{글리세리드} & & \text{알칼리} & & \text{글리세롤} & & \text{비누} \end{array}$$

검화가(saponification value)란 유지 1 g을 비누화 또는 가수분해시키는 데 필요한 KOH의 mg수로 나타내며, 지방산의 분자량에 반비례하므로 이것은 지방산의 사슬의 장단을 추정하는 척도가 된다. 즉 검화가가 크면 지방산이 짧고, 작으면 지방산의 사슬이 길다는 것을 의미한다.

비누 원료로 사용되는 유지는 검화가가 높은 것이 좋다. 예를 들면 야자유나 Butter와 같이 검화가가 높은 것은 비누화가 잘된다. 검화가가 낮은 것은 높은 것과 혼합하여 사용할 수도 있다.

기구/시약

250 ml 비커	알코올 램프
시계접시	비커

삼발이	종이컵
콩기름	NaOH
NaCl	알코올
dil-HCl	

실험 과정

1. 비누화

① 6 ml의 물에 7.5 g의 수산화나트륨을 소량씩 가하면서 가열한다.
② 여기에 콩기름 10 ml를 천천히 저으면서 가하고 계속 가열한다.
③ 거품이 생길 때까지 가열한 뒤 종이컵에 옮겨 굳힌다. 도중에 반응물이 굳어져서 교반이 어려울 때에는 물 또는 알코올을 가하는 것이 좋다.

2. 비누화의 종료 검사

① 교반봉에 찍어 올릴 때 실같이 늘어난다.
② 손 끝에 묻혀 문질러 볼 때 미끄럽고 얇은 막이 생긴다.
③ 녹은 내용물이 반투명하고 균일한 것이어야 한다.
④ 알코올에 완전히 녹는다.

3. 염석

① 글리세롤을 분리하기 위하여 NaCl 20 g을 소량씩 여러 차례로 나누어 넣으면서 끓이면 비누는 윗층에, 글리세롤은 아래층으로 나누어진다.
② 이것을 건져서 부순 다음 물로 씻으시오.
③ 다시 비커에 옮기고 가열하여 녹인 다음 비누틀에 부어 굳어지게 하시오.

4. 글리세린의 회수

① 비누분을 꺼낸 나머지 액은 묽은 염산으로 중화한다.
② 걸러서 불순물을 걸러낸 다음 증발접시에 옮겨 농축하고 냉각 후 거르시오.
③ 거른 액에 알코올 20 ml를 가하고 교반하시오. 그러면 글리세린은 알코올에 옮겨간다. 알코올액을 증발 농축하면 글리세린이 얻어진다.

참고사항 비누의 품질 감별법

① 수분이 많은 것은 모양이 비틀어지고 금이 가서 부서지기가 쉽다. 100℃에서 건조시켜 그 무게가 20% 이상 감소하는 것은 좋은 비누라고 할 수 없다.

② 유리된 alkali가 많은 것은 비누 표면에 Na_2CO_3가 서릿발처럼 나와 있고 혀 끝을 대면 자극성을 준다. 비누를 알코올에 용해하고 페놀프탈레인의 알코올 용액을 떨어뜨려 적색으로 되는 것은 유리된 알칼 리가 있는 것이고 진한 적색일수록 좋지 못하다. 이러한 것은 피부는 물론 섬유를 손상시킨다.

③ 너무 무거운 것이나 단단한 것은 점토와 녹말이 많이 혼합된 것으로 알코올에 녹지 않고 남는다.

④ 유리 지방분이 많은 것은 표면에 기름기가 있고 포장지를 반투명하게 한다.

⑤ 거품이 많이 나오는 것일수록 좋은 비누라고 할 수 있다.

실험
C7 비누 만들기

학과	학번	이름	실험 일자(년 월 일, 교시)

1. 관찰

① 비누화가 일어나는 과정을 관찰하고 기록하시오.

② 비누화 종료 검사의 결과를 기록하시오.

③ 염석 과정을 관찰하고 기록하시오.

2. 질문

① 비누를 제조할 때 수산화 소듐은 어떤 역할을 하는가?

② 비누를 만들 때 알코올을 가하는 이유는 무엇인가?

③ 비누화 반응이 끝나고 함께 생성된 글리세롤을 회수할 수 있다. 이때 묽은 염산으로 중화를 해 주는데, 그 이유는 무엇인가?

④ 센물에 비누가 잘 풀리지 않는 이유는 무엇인가?

실험

C8 루미놀의 합성

 실험 목적

범죄현장에서 혈흔을 찾아내기 위하여 사용하는 루미놀을 합성하여 보고, 이 합성에 이용된 작용기들의 화학 반응에 대하여 알아본다.

실험 원리

루미놀은 가열에 의한 3-나이트로프탈릭산(3-nitrophthalic acid)과 하이드라진(hydrazine)의 탈수 반응에 이은 나이트로 기의 환원 반응으로 만들어진다. 반응을 그림으로 나타내면 다음과 같다.

3-나프탈릭산 + 하이드라진 → 나프탈릭 하이드라지드 $\xrightarrow{Na_2S_2O_4}$ 루미놀

끓는점이 높은 트라이에틸렌 글리콜(triethylene glycol, bp. 290℃)을 하이드라진 염 수용액에 더하고, 과량의 물을 증발시키면 온도는 나이트로프탈하이드라자이드(nitrophthalhydrazide) 중간체가 형성되는 점까지 올라가서 수분 안에 반응이 완결된다. 나이트로프탈하이드라지드는 묽은 산에 불용성이지만, 에놀화 반응(enolization)에 의해 염기성 용액에는 녹는다. 따라서 염기성 용액에서

소듐 하이드로설파이트(sodium hydrosulfite)를 나이트로프탈하이드라지드와 반응시키면 나이트로 기가 환원되어 루미놀이 얻어진다.

묽은 약산성 또는 중성 용액에서 루미놀은 이중극성 이온으로 존재하여, 아름다운 푸른색 형광을 낸다.

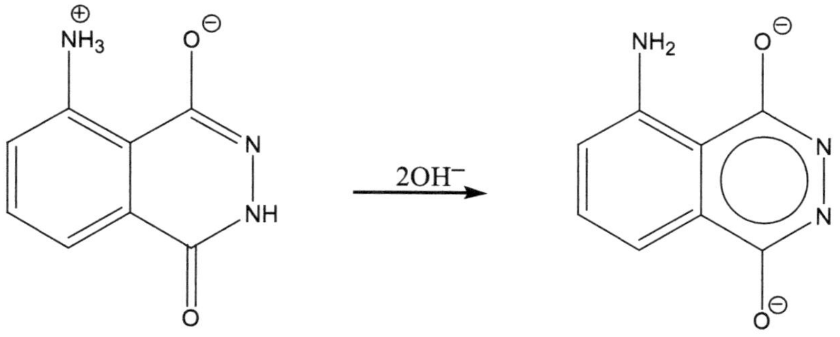

$NH_3^{\oplus}$ $O^{\ominus}$ N NH O $\xrightarrow{2OH^-}$ NH_2 $O^{\ominus}$ N N $O^{\ominus}$

루미놀

기구/시약

물중탕기	100 ml 삼각 플라스크
3-nitrophthalic acid	hydrazine(8% 수용액)
20×150 mm 시험관	모래중탕기
온도계	끓임쪽
감압기(aspirator)	클램프
3 M NaOH 수용액	유리막대
$Na_2S_2O_4 \cdot 2H_2O$	증류수
CH_3COOH	거름 종이
깔때기	

실험 방법

① 물 15 ml를 가열한다.

② 20×150 mm 시험관에 1 g의 3-nitrophthalic acid와 2 ml의 8% hydrazine 수용액을 섞고 모래중탕에서 고체가 다 녹을 때까지 가열한다.

주의 모래중탕기는 매우 뜨거우니 만지지 않도록 조심하여야 한다.

③ 3 ml의 triethylene glycol을 넣고 튜브를 뜨거운 모래중탕기 안에 수직으로 설치한다.

④ 끓임쪽을 넣고 감압기를 연결한다. 용액을 끓여서 과량의 물을 증발시킨다(110~130℃). 그 다음 온도는 급격하게 올라가 3~4분 안에 215℃에 도달하게 된다. 200℃ 이상을 측정할 수 있는 온도계로 반응의 온도를 측정할 수 있다.

⑤ 가열을 멈추고 시간을 기록한 다음 온도를 215~220℃로 2분간 유지하도록 온도를 조절해가며 가열한다.

⑥ 시험관을 모래중탕에서 꺼내어 약 100℃까지 식힌 후,(생성물 결정이 보일 수도 있다.) 15 ml의 뜨거운 물을 가하고 찬물로 튜브 외벽을 식혀서 노란색 나이트로프탈하이드라자이드 결정을 얻는다.

⑦ 나이트로프탈하이드라자이드 결정을 씻지 않은 원래 시험관에 넣고 3 M NaOH 수용액 5 ml를 더한 다음 막대로 젓다가 짙은 갈색 용액이 되면 3 g의 $Na_2S_2O_4$를 넣는다. 소량의 물로 시험관 벽에 묻은 고체를 씻어 내린다.

⑧ 시험관을 끓을 때까지 가열하고 5분간 혼합물을 뜨겁게 유지한 다음 밝은 노란색의 루미놀 가루를 걸러서 모은다. 여과액을 가만히 두면 루미놀 침전을 더 얻을 수 있다. 수득율을 계산한다.

결과 처리

① 시험관 속 용액이 215℃에 도달하여 가열을 멈추고 반응 소요 시간을 잰다.

② 반응 중간 중간에 일어나는 현상들을 빠짐없이 기록하도록 한다(용액의 색깔, 침전 형성, 침전 색깔 등등).

③ 최종 생성물인 루미놀의 수득율을 계산한다.

주의사항

물중탕(100℃ 이상!), 모래중탕(200℃ 이상!)은 매우 뜨거우니 조심하여 다루어야 한다.

실험

C8 루미놀의 합성

학과	학번	이름	실험 일자(년 월 일, 교시)

1. 측정값

① 반응을 시작하여 시험관 속 용액이 215℃에 도달한 다음 가열을 멈출 때까지 걸린 시간은 얼마인가?

② 실제로 얻은 나이트로프탈하이드라자이드 중간체의 색은 무엇인가?

③ 실제로 얻은 루미놀의 색은 무엇인가?

④ 최종 생성물인 루미놀의 수득율을 계산하시오(반드시 계산 과정을 보이시오).

2. 질문

① 감압기로 과량의 수분을 제거하는 이유는 무엇일까?
② 최종적으로 루미놀을 얻기 전에 아세트산을 가하는 이유는 무엇일까?
③ 실제로 얻은 나이트로프탈하이드라자이드 중간체와 최종 생성물인 루미놀의 색이 실험 방법에서 제시한 색과 다른 경우, 그 이유는 무엇일까?
④ 최종 생성물에 불순물이 포함되어 있다면 어떻게 알아낼 수 있을까?
⑤ 불순물을 제거하고 최종 생성물을 순수하게 얻는 방법에는 어떤 것들이 있을까?

실험
C9 화학 발광 -루미놀의 원리

실험 목적

화학 발광(chemiluminescence)은 화학 반응으로부터 빛이 발생하는 것이다. 이 화학발광 현상을 이용하여 범죄 현장 등에서 혈흔을 확인하고자 할 때 사용하는 루미놀의 화학 발광 원리를 이해한다.

실험 원리

화학 발광(chemiluminescence)은 화학적 반응에 의하여 형성되는 특정 물질의 전자가 에너지적으로 들떴다가 다시 바닥상태로 돌아올 때 자체적으로 빛을 내는 현상이다. 예를 들어, 혈흔 등을 찾는 데 쓰이는 루미놀은 과산화수소에 의해 산화되었을 때 화학발광을 내는데, 이 반응에서 발생하는 화학에너지 중 일부가 반응 생성물에 있는 전자들을 들뜨게 하는 현상을 이용하는 것이다. 들뜬 전자들이 제자리로 떨어질 때 가시광선의 빛을 발하게 된다.

루미놀의 발광 메커니즘을 그려보면 다음과 같다.

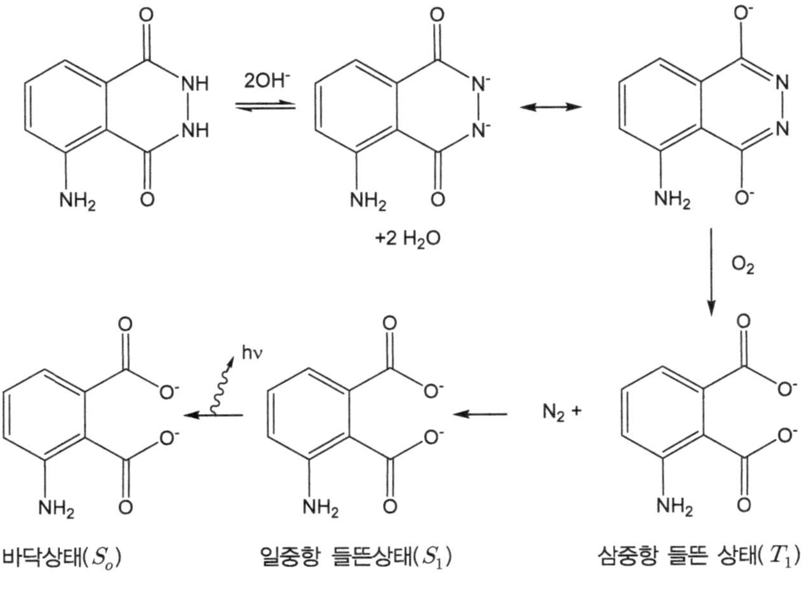

2OH⁻ / +2 H_2O / O_2 / N_2 + / hν

바닥상태(S_o)　　일중항 들뜬상태(S_1)　　삼중항 들뜬 상태(T_1)

여기에서 삼중항, 일중항, 계간 교차는 일반화학 수준을 뛰어넘는 개념이라 어렵지만 간단하게 설명해보기로 한다. 삼중항과 일중항은 들뜬 상태에서 있는 전자들의 스핀 자기 양자수에 따라 결정되는 표시이고, 계간 교차는 삼중항과 일중항 간의 상태 변화를 의미한다.

위 그림의 발광 메커니즘을 보다 자세히 설명하면 다음과 같다. 루미놀이 화학발광을 하기 위해서는 산화제와 함께 활성화되어야 한다. 일반적으로 과산화수소수와 염기성 이온 용액이 활성화하는데 사용된다. 염기성 이온이 루미놀을 음이온으로 만들고, 철 화합물과 같은 촉매에 의해 과산화수소수가 산소와 물로 빨리 분해되어, 이때 발생하는 산소가 루미놀 음이온을 산화시켜 과산화 유기물을 형성하게 된다. 과산화 유기물은 불안정하여 질소를 잃고 들뜬 상태의 5-아미노프탈릭산 음이온으로 변환되며, 이 들뜬 상태가 바닥상태로 내려오면서 빛을 내게 되는 것이다.

과산화수소의 분해에 필요한 촉매는 소량만이 필요하며, 피의 헤모글로빈에 있는 철이나 실험실의 $K_3[Fe(CN)_6]$, $CuSO_4$ 등이 그 역할을 할 수 있다. 그 외에도 인체 내의 여러 효소들이 과산화수소의 분해에 촉매로 사용될 수 있다.

루미놀의 화학 발광을 멈추는 데에 산 용액을 사용한다. 빛이 나는 용액에 소량의 HCl 용액을 넣게 되면 들뜬 상태가 빛을 내지 않고 소멸되면서 발광이 멈추게 된다.

기구/시약

- 실험 1: 증류수
  - 3% H_2O_2 수용액
  - $K_3[Fe(CN)_6]$
  - 삼각 플라스크(250 ml)

- 실험 2:

Na_2CO_3	비커(100 ml)
$(NH_4)_2CO_3 \cdot H_2O$	$NaHCO_3$
루미놀	$CuSO_4 \cdot 5H_2O$
나선형 유리관 또는 투명한 타이곤 튜빙	
깔때기	pH 종이
루미놀	삼각 플라스크(100 ml)

3 M HCl 링 스탠드
초시계

실험 방법

1. 육사이안화철(III) 수용액을 이용한 화학발광

① 500 ml 삼각플라스크에 0.5 M NaOH 수용액 100 ml를 넣고 0.05 g Luminol을 넣는다.

② 100 ml의 3% 과산화수소 용액을 가해준다.

③ 화학발광

주변을 어둡게 한 후, 약 0.5 g정도의 고체 시안화 철(III) 칼륨($K_3[Fe(CN)_6]$)을 용액에 가하고 저어준다. 용액을 섞고 발광이 일어날 때까지의 시간을 측정한다(단, 용액이 섞인 후 발광까지 걸리는 시간이 매우 짧으니 유의하시오).

④ 화학발광 현상 관찰하기

발광 중일 때 이 용액을 소량의 3 M HCl 용액을 넣은 후 일어나는 현상을 관찰한다.

이 용액에 다시 NaOH 고체 알갱이를 5알 넣고 일어나는 현상을 관찰한다.

2. 황산구리 수용액을 이용한 화학발광

① 용액 I 만들기

증류수 5 ml를 100 ml짜리 삼각 플라스크에 넣는다.

증류수가 담긴 이 삼각 플라스크에 0.4 g의 Na_2CO_3와 0.02 g의 루미놀, 2.4 g의 $NaHCO_3$ 및 0.05 g의 $(NH_4)_2CO_3 \cdot H_2O$, 그리고 0.04 g의 황산구리 오수화물($CuSO_4 \cdot 5H_2O$) 고체를 넣고 흔들어 용해시킨다.

증류수로 이 용액을 100 ml까지 희석한다.

희석된 용액의 pH가 9 정도인지 pH 종이를 사용하여 테스트한다. pH가 9 이하이면 $(NH_4)_2CO_3 \cdot H_2O$를 조금 더 넣어 pH를 9까지 높인다.

② 용액 II 만들기

3% 과산화수소수 5 ml를 100 ml짜리 삼각 플라스크에 넣고, 100 ml까지 증류수로 희석한다.

③ 비주얼 효과를 위해 투명한 타이곤 튜빙을 나선형으로 감거나 나선형 유리관을 준비하여 링 스탠드에 클램프로 고정시킨다.

④ 튜빙이나 유리관에 위 부분에 깔때기를 놓고 아래 부분에는 250 ml짜리 비커를 준비한다.

⑤ 나선형 관에 증류수를 부으면서 흐르는 속도를 확인한다.

⑥ 비커에 모인 물을 버린다.

⑦ 주위를 어둡게 한다.

⑧ 관의 아래 부분을 막고 용액 I과 용액 II를 동시에 깔때기 안으로 붓는다.

⑨ 용액이 섞이고 수 분 정도 지나면 푸른빛이 나오는 것을 볼 수 있을 것이다. 이때 용액을 섞고 나서 발광이 일어날 때까지의 시간을 측정한다.

⑩ 관의 아래 부분을 풀고 빛이 발생하는 것을 확인한다.

⑪ 발광이 시작한 후부터 자연적으로 멈추는 데까지의 시간을 측정한다.

결과 처리

① 루미놀의 화학 발광에서 나타나는 빛의 색을 확인한다.

② 용액을 섞고 나서 발광 때까지 걸리는 시간을 재어 본다.

③ 발광이 시작되고 나서 산용액의 첨가 없이 더 이상 빛을 내지 않을 때까지의 시간을 재어 본다.

주의사항

산이나 염기성 용액은 유독하므로 손이나 옷에 묻지 않도록 한다.

실험
C9 화학 발광 -루미놀의 원리

학과	학번	이름	실험 일자(년 월 일, 교시)

1. 측정값

① 루미놀의 화학 발광으로 나타나는 색은 무엇인가?

② 실험 A와 B에서 각각 두 용액을 섞었을 때 빛이 나타나기까지 걸리는 시간은 얼마인가?

실험 A: 초

실험 B: 초

③ 실험 B에서 루미놀의 빛이 스스로 소멸되기까지 걸린 시간은 얼마인가?

2. 질문

① 용액 혼합물에서 빛이 나는 이유는 무엇일까?

② 시간이 흐르면서 최종 용액이 빛을 잃는 이유는 무엇일까?

③ 밝은 데서 보면 혼합 용액은 녹색을 띠는데, 어두운 데서는 왜 푸른색 빛을 발할까?

④ 실험 1에서는 NaOH 수용액을, 실험 2에서는 Na_2CO_3, $NaHCO_3$, $(NH_4)_2CO_3$ 수용액을 사용하였는데, 이들의 사용 목적은 무엇인가?

⑤ 실험 2에서 용액 I의 pH가 대략적으로 9가 나오는 이유는 무엇일까?

실험

C10 나일론 합성

실험 목적

나일론은 직물용의 섬유로서 널리 사용된 합성고분자이다. 일상 생활에서 많이 사용하는 나일론의 합성 실험을 통해, 고분자인 나일론이 생산되는 과정을 이해하고 고분자 생성반응을 체득한다.

실험 배경

직물용의 섬유로서 널리 사용되는 나일론은 합성고분자로서, 나일론 6,6 또는 나일론 6,10과 같은 이름들은 단량체의 탄소수에 의해 붙여졌다. 대부분의 나일론들은 디아민과 디카르복시산의 축합반응에 의해 합성된 고분자이다. 디아민류(diamines)와 디카복실산류(dicarboxylic acids)로부터 만드는 폴리아마이드(polyamide)는 보통 나일론이라고 하는 축합중합체(condensation polymer)의 일종이다. 이러한 중합체는 디아민과 디카복실산을 높은 온도에서 장시간 반응시켜야 만들 수 있다.

그러나 반응성이 큰 산염화물(RCOCl)이 실온에서 아민($R'NH_2$)과 쉽게 반응하여 아마이드(RCONHR')를 만드는 반응(Schotten-Baumann 반응)을 이용하면 낮은 온도에서 쉽게 폴리아마이드를 합성할 수 있다. 예컨대 염화 세바코일(sebacoyl chloride)과 헥사메틸렌다이아민(hexamethylenediamine)은 실온에서 다음과 같이 반응하여 나일론 6,10(nylon 6,10)을 이룬다.

$$n\ ClOC(CH_2)_8COCl + n\ H_2N(CH_2)_6NH_2 \xrightarrow{NaOH} \{OC(CH_2)_8CONH(CH_2)_6NH\}n$$

sebacoyl chloride hexamethylenediamine poly(hexamethylene sebacamide)

nylon 6,10

그러나 공업적으로는 산염화물이 고가이기 때문에 잘 사용하지 않으며, 우리가 사용하는 나일론 6,6은 디아미노 화합물(diamino compound)과 디카르복실산(dicarboxylic acid)들의 반응에 의해 형성된다. 아래와 같이 아디프산과 헥사메틸렌디아민의 수용액을 물 또는 알코올을 용매로 하여 가열하면 나일론6,6의 염이 형성되고, 이 염을 농축시킨 뒤 210~280℃, 17.5 kg/cm^{2}의 조건하에서 가열시킨다. 이러한 방법으로 제조되는 나일론은 나일론6,6이다.

$$n\ HOOC(CH_2)_4COOH + n\ H_2N(CH_2)_6NH_2 \longrightarrow \{OC(CH_2)_4CONH(CH_2)_6NH\}n$$

adipic acid　　hexamethylenediamine　　poly(hexamethylene adipamide)

nylon 6,6

실험실에서의 반응은 반응성이 큰 산염화물을 이용한다. 이 산염화물은 실온에서도 아민과 쉽게 반응하여 폴리아미드를 만들 수 있다. 헥사메틸렌디아민은 물에, 그리고 염화세바코일은 물과 섞이지 않는 용매에 녹여 접촉시킴으로서 두 용액의 계면에서 중합반응을 진행시킨다. 이러한 중합반응을 계면중합이라 하며, 이 계면에서 생긴 중합체의 필름을 집게로 집어 올리면 필름이 제거됨과 동시에 그 자리에 새로운 중합체가 계속 생성되는 연속반응으로 인하여 끈이나 실모양의 고분자 중합체를 만들 수 있다. 이러한 방법으로 생성되는 나일론은 나일론6,10이다.

기구/시약

250 ml 비커
100 ml 메스실린더
피펫
유리막대
증류수

헥사메틸렌디아민
염화세바코일
다이클로로메테인
수산화나트륨

실험 방법

① 250 ml 비커에 염화세바코일 0.5 ml를 취해 다이클로로메테인 25 ml에 용해시킨다.

② 100 ml 실린더에 헥사메틸렌 디아민 0.55 g과 수산화나트륨 0.1 g을 취해 25 ml 증류수에 용해시킨다.

③ ②를 ①에 용기벽을 따라 서서히 붓는다.

④ 휘젓지 않고 10분간 방치한다.

⑤ 생성된 나일론 필름을 유리막대로 감는다(손에 묻지 않도록 주의!)(그림 C10-1).

⑥ 생성된 나일론 관찰한다.

[그림 C10-1] 나일론 6.10의 형성

주의사항

① 감아 올린 나일론 끈은 반응하지 않은 독성 출발 물질을 포함하고 있을 수도 있기 때문에 씻기 전까지는 손으로 만지지 않는다.

② 생성된 나일론을 절대 개수대에 버리지 않도록 반드시 휴지통에 버린다.

③ 시약이 피부에 묻지 않도록 해야 한다(발암성 시약).

④ 시약 사용 후 반드시 시약뚜껑을 닫도록 한다(특히 염화세바코일과 헥사메틸렌디아민).

실험

C10 나일론 합성

학과	학번	이름	실험 일자(년 월 일, 교시)

1. 관찰

① 관찰 가능한 나일론의 성질을 서술한다.

2. 질문

① 나일론의 용도는 무엇인가?

② 나일론에 붙는 숫자의 의미를 설명하시오.

③ 합성에 사용한 NaOH의 역할은 무엇인가?

D. 실험편–설계과제 실험

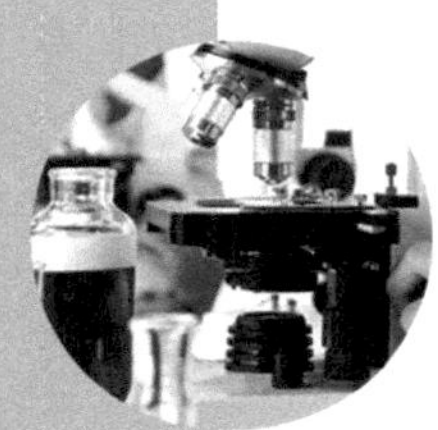

실험 D1 고-액 추출을 이용한 땅콩의 지방 함유량 계산

실험 목적

추출의 기본 목적 및 방법을 이해하고 실제 콩의 지방 성분이 얼마나 있는지 정량적으로 분석해 보자. 본 실험은 두 주에 걸쳐 실험할 수 있다. 첫째 주는 실험책의 내용으로 수행하고, 둘째 주는 실험의 내용에서 여러 요인들을 실험자의 제안에 따라 조별로 달리 할 수 있다.

실험 배경

땅콩 안에 함유되어 있는 지방 성분을 효과적으로 분리하는 방법은 여러 가지가 있는데, 현재 사용되는 방법은 첫 번째로 고대에서부터 자주 사용되었던 압착법이 있다. 압착법은 고압을 이용하여 지방 성분을 견과류에서 짜내는 방법으로, 물리적인 방법이다. 압착을 하는 방법을 사용하면 지방의 5~10%만 추출할 수 있다는 단점이 있다. 그렇기 때문에 현재 대량 생산을 위해서는 유기 용매를 이용한 추출법을 많이 사용한다.

추출이란 액체용매를 사용해서 고체 또는 액체 속에 있는 어떤 물질을 분리하여 뽑아내는 조작을 말한다. 지방은 비극성 물질이기 때문에 비극성 용매인 아세톤, 에테르계 물질에 잘 녹는다. 이 성질을 이용하여 비극성 물질인 지방질만 녹여서 추출할 수 있게 해준다. 보통의 분별 증류와는 다르게 용해도 차를 이용한 분리 방법이라고 할 수 있다.

추출의 예를 들면 1) 식물 등의 약용성분을 물, 에탄올이나 에테르 등의 유기용매를 사용하여 추출, 2) 차에서 카페인을, 꽃에서 색소를 추출하려면 물과 함께 끓임으로써 추출, 3) 시금치를 에탄올로 달이면 엽록소를 추출, 4) 종자로부터 각종 식용유의 추출, 5) 벤젠에 의한 옷의 얼룩빼기, 6) 석유공업에서의 윤활유 정제 등을 들 수 있다.

땅콩은 보통 식용으로 쓰이는 건과류이며 건과류 중 지방의 비중이 가장 높은 건과류에 속한다. 보통 중국에서 세계 생산량의 75%를 생산하고 있다. 주요 식용 재료는 그대로 식용으로 먹거나 땅콩 버터, 땅콩 기름으로 대부분 제조된다. 땅콩 기름은 조리용으로 쓰이며, 식용유, 드레싱, 마가린의 재료가 된다. 등급이 낮은 땅콩 기름은 비누, 화장품, 면도 크림, 샴푸, 페인트의 원료로 쓰인다. 기름을 뽑아내고 남은 찌꺼기는 고단백의 가축 사료가 된다.

땅콩에는 약 40~50%의 지방이 함유되어 있으며 땅콩에 함유되어 있는 물이 약 12~18%라고 가정하면 40% 정도의 지방이 함유되어 있다고 할 수 있다. 본 실험에서는 땅콩 안에 함유되어 있는 지방 성분을 효과적으로 추출하기 위하여 적절한 용매를 이용하여 지방 성분을 추출하고 이를 측정한다.

기구/시약

노란 콩 및 땅콩(5~10 g)
아세톤 50 ml
시험관(대형 사이즈)
중탕기
온도계(알코올)
깔때기 및 거름종이
유리막대
전자저울
막자사발
항온건조기

실험 방법

① 땅콩 5 g~ 10 g 정도를 껍질을 벗겨서 준비한 후 전자저울로 정확한 질량을 측정한다.
② 중탕기에 물을 넣은 후 섭씨 40℃~50℃ 정도로 가열한다.
③ 땅콩이나 콩을 막자사발을 이용하여 최대한 잘게 갈아준다.
④ 분쇄된 콩을 큰 시험관에 넣은 다음 아세톤 15-20 ml를 붓고 섭씨 40℃~50℃ 정도를 유지하면서 10분간 가열한다. 온도를 acetone의 끓는 점 아래로 유지

한다. 만약 acetone이 끓기 시작하면 즉시 가열을 중단하고 식힌 다음 다시 천천히 가열한다. 때때로 유리막대를 통하여 내용물을 저어준다.

⑤ 콩 및 유기용매를 거름종이로 거른 후 건조기에 넣고 10분 정도 말려준다.

⑥ 건조기에 넣고 말린 땅콩의 질량을 측정한다. 위 과정을 2~3회 반복하여 남아 있는 지방을 추출한다.

주의사항

① 실험을 할 경우 화재에 주의한다. 중탕기가 갑자기 가열되는 경우를 온도계를 통하여 수시로 측정할 필요성이 있다.

② 땅콩을 최대한 잘게 부수어야 실험이 잘 되므로 막자사발로 땅콩을 최대한 잘게 갈아서 사용한다. 땅콩을 얼마나 잘 가느냐에 따라서 수율이 달라진다.

③ 아세톤은 비교적 안정한 유기 용매지만 몸에 좋지 않을 수 있으므로 주의한다.

실험 **D1-1**

고-액 추출을 이용한 땅콩의 지방 함유량 계산

학과	학번	이름	실험 일자(년 월 일, 교시)

1. 측정값

실험 전 땅콩의 질량	
첫 번째 추출을 시행한 후 땅콩의 질량	
두 번째 추출을 시행한 후 땅콩의 질량	
세 번째 추출을 시행한 후 땅콩의 질량	
1회 추출 시 분리된 지방의 질량	
2회 추출 시 분리된 지방의 질량	
3회 추출 시 분리된 지방의 질량	
총 땅콩에서 분리된 지방의 질량	

2. 질문

① 땅콩의 지방 함유율은 몇 % 이상이라고 생각할 수 있을까?

② 땅콩의 입자 크기에 따른 땅콩의 지방 수율 변화는 무엇 때문이라고 생각할 수 있을까?

③ 불포화 지방산과 포화 지방산의 차이를 설명하시오.

실험 D1-2 고-액 추출을 이용한 땅콩의 지방 함유량 계산

학과	학번	이름	실험 일자(년 월 일, 교시)

1. 측정값

① 어떤 변수를 고정하고 어떤 변수를 변환하였는가?

② 변환한 변수에 대해 관찰한 바를 기록한다.

변환인자:		
변환	변환내용	관찰결과
1		
2		
3		
4		

2. 질문

① 변수가 어떤 경우 최적이 되는지 표현해 본다.

② 여러 조의 결과를 모아서 다양한 요인들의 최적화를 예측해 본다.

실험

D2 세제속의 효소: 단백질 분해효소

 실험 목적

이번 실험에서는 직물의 단백질 얼룩을 녹기 쉬운 아미노산으로 가수분해하기 위해 학생들은 우유 단백질이 염색된 더러워진 작은 천 조각을 받게 될 것이다. 세탁 세제는 전통적인 방법으로는 단백질 때, 기름과 유지를 제거하는데 어려움이 있다고 일반적으로 알려져 있다. 이번 실험의 목적은 일반적인 세제에 단백질 분해효소를 첨가하여, 단백질 때를 제거하는데 단백질 분해효소의 가수분해 반응을 관찰하는 것이다. 동 실험에서는 세제에 첨가되는 효소의 반응 특성을 이해하여, 산업적으로 많이 사용되는 효소반응을 고찰한다. 본 실험은 두 주에 걸쳐 수행할 수 있는 실험으로, 둘째 주에는 조별로 반응 조건을 달리하면서 수행할 수 있다.

 실험 배경

생물체에서 생성되는 아미노산의 중합체인 단백질인 효소는 생물체내의 다양한 화학반응을 촉진하는 촉매의 역할을 한다. 효소의 이용은 인류가 치즈생산을 위해 소나 양의 위에서 얻은 카이모신(chymosin)에서 시작되며, 산업적으로는 약 130년 전 송아지의 위에서 치즈산업에서 사용되는 카이모신이 추출되고 무세포 효소 추출에 의해 포도당이 에탄올과 이산화탄소로 전환됨으로서 중요성이 부각되기 시작되었다. 현재 알려진 효소의 종류는 약 3,000종이며, 최근 유전체학 및 단백질체학의 급속한 발전으로 종류가 급증하고 있으나, 효소의 안정성, 경제성 등의 문제로 인해 산업적으로 사용되는 효소는 150여종에 불과하다.

효소는 가수분해, 합성, 산화환원, 전이, 이탈 및 부가, 이성화반응 등을 촉매하며, 반응이 기존의 화학반응에 비해 광학활성(Enantioselective), 특정구조

(Regiospecificity) 및 기질에 대한 특이성이 높고 상온 상압조건하에서 반응이 이루어지므로 오염물질의 생성이 낮고 에너지 소비가 적어 경제적이나, 제한적 유기용매에 적용되고 강산성 및 고온 반응에 불활성화되며 효소의 가격이 고가인 단점이 있다. 또한 기질이나 생성물의 농도를 높게하여 반응시키면 효소활성이 저해되는 경우가 많아 대부분의 경우 낮은 기질농도에서 반응이 진행되어야 하고, ATP나 NAD와 같은 보조 인자를 필요로 하는 경우가 많아 경제성이 떨어진다. 그러나 최근에는 자연계에서 확보한 효소를 산업적 목적에 부합하도록 방향 진화 등의 기술을 이용하여 기존 기능이 향상되거나 새로운 기능을 갖는 신기능성 효소의 개발이 늘어나고 있으며, 단백질체학 및 단백질공학의 발전으로 용매나 열에 의한 불활성화 등 효소의 단점이 점차 극복되어가고 있는 추세이다. 이에 따라 전통적인 효소시장인 세제와 식품산업에서 화학산업, 의료산업, 환경산업, 단백질칩 등 생물전자산업 등으로 효소의 시장이 확산되고 있으며 신기능성 효소에 대한 수요는 급증할 것이다.

표 D2-1 효소(생촉매)공정과 기존 화학공정의 비교

	효소(생촉매)공정	기존 화학공정
핵심기술요소	효소 등 생촉매	화학촉매
공정특성	소규모/다품종	대규모/소품종
반응조건	상온.상압/ 저 에너지 소비형	고온.고압/ 고 에너지 소비형
특이성 - 반응특이성 - 기질특이성 - 위치특이성 - 입체특이성	높음	낮음
신물질 창출 가능성	높음	낮음
환경친화성	환경친화적임	환경 부적합형
지속가능 성장 전망	매우 높음	포화상태

효소의 산업적 이용은 약 130년 전 송아지의 위에서 치즈산업에서 사용되는 카이모신이 추출되고 무세포 효소 추출에 의해 포도당이 에탄올과 이산화탄소로 전환됨으로서 중요성이 부각되기 시작되었다. 1900년대에 *Aspergillus oryzae*를 이용하여 당분해 효소인 아밀라제의 산업적 생산법이 개발되어 당분해효

소 등이 식품제조에 사용되는 등 식품산업에서 효소의 사용이 증가하였다. 또한 1913년에는 단백질 분해효소인 트립신이 세제에 첨가되어 세정력을 증대시켰으며, 세제에 효소가 적용됨에 따라 효소시장의 변화가 일어나기 시작하였다. 특히 고정화 및 배양기술이 발전함에 따라 생산성 증대에 따른 비용절감 등으로 정밀화학산업에서의 이용이 증가하였고, 1982년 유전자 재조합 미생물을 이용하여 아밀라제가 생산된 후, 유전자재조합기술을 이용하여 비수계효소의 생산 및 응용이 가능하게 되어 의약, 펄프, 폐수처리, 사료 등 산업전반으로 효소의 활용범위가 확대되고 있다. 또한 항생물질 중간체, 고분자화합물 합성, 신물질 합성 등에 효소가 사용되고 있다. 이러한 효소를 Biocatalysts(생촉매)라 부르고 관련시장이 급성장하고 있는 추세이다. 이는 유전자 조작기술, 단백질공학기술 및 기타 생물공학기술의 획기적 발전에 기인하며, 효소공정이 인류가 요구하는 무공해, 저에너지 공정을 실현시킬 수 있기 때문에 효소의 응용 범위도 확대되고 있다. 더욱이 환경오염에 대한 규제가 주요한 무역장벽으로 등장하고 자본/노동 집약적인 화학산업의 경쟁력이 중국 등의 경쟁국에 비하여 급격히 추락하고 있는 현실은 기존 화학을 기반으로하는 산업군의 기술/지식집약적이고 환경친화적인 '지속가능한 산업'으로의 탈바꿈을 강요하고 있으며, OECD가 지적한 바와 같이 효소인 생촉매는 '지속가능한 산업개발'의 핵심 요소로 부각되고 있다. Europabio에 따르면 바이오기술을 이용하여 기존의 화학적 방법에 의한 항생제 중간체 생산을 대체하면, 이산화탄소 배출은 50%, 전기 소비는 20%, 물 소비는 75%를 감소시킬 수 있다하였다.

오늘날, 단백질분해효소와 아밀라아제와 같은 녹말분해효소는 세탁 세제에서도 효소로 활성을 띈다. 예를 들어, 아밀라아제는 큰 분자의 녹말성분 얼룩을 작은 조각으로 제거하는 역할을 한다. 효소의 가수분해 반응으로 풀어진 올리고당과 덱스트린은 용해되기 쉽고 그 얼룩들은 빨랫감들의 표면에서 효소가 가위와 같은 작용으로 조각조각 물리적으로 제거한다. 이름에서 보여주는 것과 같이 단백질분해 효소의 반응은 큰 단백질 분자를 가수분해하는 반응을 제외하고 아밀라아제의 반응과 비슷하다. 가수분해 반응이 이루어지는 동안, 단백질 분자의 형태를 구성하기 위해 다양한 아미노산을 서로 연결시켜주는 펩티드 결합은 깨어지고, 작은 폴리펩티드와 각각의 아미노산으로 조각난다. 일반적으로, 대략 백 개의 아미노산의 단량체로 구성되어진 중합체는 폴리펩티드로 불려지고, 이보다 더 큰 경우를 단백질이라고 부른다. 본 실험에서는 직물의 묻어있는 단백질 얼룩을 녹기 쉬운 아미노산으로 가수분해하는 단백질 분해효소의 기작을 이해하고, 산업적으로 중요한 효소의 기능을 이해한다.

기구/시약

250 ml 플라스크
메스실린더
분광광도계
저울
가정용 세제
단백질 분해 효소
우유단백질이 염색된 천

실험 방법

본 실험은 창의적 설계와 같은 의도로 구성되었다. 우선 각 조는 세탁에 영향을 줄 수 있다고 생각하는 변수를 각각 정한다. 각 변수의 변위를 정하고 변위 내에서 어떻게 변화를 줄 것인지를 논의한 후 실험에 임하여야 한다. 따라서 기초되는 실험을 아래 설명한 바와 같이 첫 주에 수행하고 각자가 정한 변수대로 하는 실험을 두 번째 주에 수행할 수 있다.

① 250 ml 플라스크에 가정용 세탁 세제 1 g을 따뜻한(60℃) 물과 차가운 물 200 ml에 각각 용해시킨다.
② 비슷하게, 각각의 플라스크에 따뜻한 물과 차가운 물을 넣고 분말 형태 단백질 분해효소를 각각 0.1, 0.5, 1.0 g 섞는다.
③ 우유단백질이 염색된 작은 천 조각들은 세탁 액에 각각 넣는다.
④ 파라핀이나 고무마개로 각각의 플라스크를 봉인한다. 세탁할 때와 비슷한 흔들림으로 천천히 플라스크를 흔들어준다. 자동온도조절이 되는 플라스크 교반기를 사용할 수도 있다.
⑤ 눈에 띄게 색깔이 변하지 않을 때까지 주기적으로 세탁 액의 적은 (5-10 ml) 양을 꺼내주어 분광광도를 이용하여 흡광도(600 nm)를 측정한다.
⑥ 얼룩을 제거하는데 얼마나 효과적인지 세탁 세제와 단백질 분해의 효과성을 비교하고 다른 학생들과 자신의 세제로 직접 세탁한 천을 눈으로 비교해 본다.

결과 처리

① 온도가 효소(1 g 실험)의 활성에 미치는 영향을 일정시간 동안의 흡광도 변화를 가지고 고찰한다.
② 실온의 물과 따뜻한 물에서 효소의 양이 일정시간 동안의 흡광도 변화에 미치는 영향을 고찰한다.
③ 시간과 흡광도 변화의 그래프를 그려서 효소의 양이 초기 반응속도에 미치는 영향을 고찰한다.
④ 두 번째 주에 수행하는 실험은 일 차 실험에서 얻은 정성적인 변화를 기초로 정량적인 변화를 관찰하여야 한다. 예를 들면 구체적인 최적의 온도 범위, 최적의 효소량 등이 얻어져야 한다.

주의사항

단백질 분해효소를 직접 흡입하거나, 피부에 접촉을 피하시오.

실험

D2-1 세제속의 효소: 단백질 분해효소

학과	학번	이름	실험 일자(년 월 일, 교시)

1. 측정값

① 세탁하는 동안 세탁액의 색변화를 시간에 대한 그래프로 표현해 보자. 일정시간 후에 어느 온도와 어떤 조건의 세탁액이 더 깨끗하게 되는가?

② 세탁시간에 따른 세탁액의 색변화를 그래프로 그려 초기 세탁속도에 대해 고찰해 보자. 온도와 효소의 양에 따른 초기 세탁속도를 비교하시오.

2. 질문

① 얼룩을 제거하는데 있어서 왜 온도가 영향을 끼친다고 생각되는가?

② 췌장의 생물학적 기능 몇 가지를 기술하시오. 이것을 분비시키는 소화효소는 어떤 종류인가?

실험
D2-2 세제속의 효소: 단백질 분해효소

학과	학번	이름	실험 일자(년 월 일, 교시)

1. 측정값

① 어떤 변수를 고정하고 어떤 변수를 변환하였는가?

② 세탁하는 동안 세탁액의 색변화를 변수에 대해 표로 만든 후 보고서에는 그래프로 그린다.

2. 질문

① 변수가 어떤 경우 최적이 되는지 표현해 본다.

② 상용화 된 세제에는 어떤 물질들이 들어있는지 알아보시오.

E. 부 록

E1 국제 단위 제도(SI 단위)

기본 SI단위의 명칭과 기호

물리적 양	SI단위의 명칭	SI단위의 기호
길이	미 터	m
질량	킬로그램	kg
시간	초	s
전류	암 페 어	A
열역학적 온도	켈 빈	K
광도	칸 델 라	cd
물질량	몰	mole

보충 SI단위의 명칭과 기호

물리적 양	SI단위의 명칭	SI단위의 기호
평면각	라 디 안	rad
입체각	스테라디안	sr

유도 SI단위에 대한 특별 SI명칭과 기호

물리적 양	단위의 명칭	단위의 기호	단위의 정의
힘	뉴우턴	N	$kg \cdot m \cdot s^{-2}$
에너지	주울	J	$kg \cdot m^{2} \cdot s^{-2}(=C \cdot V)$
공률	와트	W	$kg \cdot m^{2} \cdot s^{-3}(=J \cdot s^{-1})$
전하	쿠울롱	C	$A \cdot s$
전위차	볼트	V	$kg \cdot m^{2} \cdot s^{-3}A^{-1}(=J \cdot A^{-1} \cdot s^{-1})$
전기저항	오옴	Ω	$kg \cdot m^{2} \cdot s^{-3}A^{-2}(=V \cdot A^{-1})$
전기커패시턴스	패럿	F	$A^{2} \cdot s^{4} \cdot kg^{-1} \cdot m^{-2}(=A \cdot s \cdot V^{-1})$
자기선속	웨버	Wb	$kg \cdot m^{2} \cdot s^{-2} \cdot A^{-1}(=V \cdot s)$
인덕턴스	헨리	H	$kg \cdot m^{2} \cdot s^{-2} \cdot A^{-2}(=V \cdot A^{-1} \cdot s)$
자기선속밀도	테슬라	T	$kg \cdot s^{-2} \cdot A^{-1}(=V \cdot s \cdot M^{-2})$
광선속	루멘	lm	$cd \cdot sr$
조명	럭스	lx	$cd \cdot sr \cdot m^{-2}$
주파수	헤르츠	Hz	s^{-1}

E2 단위 환산

길이의 단위

1m = 100 cm = 1,000 mm
1in = 2.5 cm
1m = 39.4in = 1.094yd
1km = 0.62mile
1mile = 12in
1 Å = 10^{-6} cm
1μ = 10^{-3} mm

부피의 단위

1 L = 1000 ml = 1000.28 cm^3
1ft^3 = 28.3 L = 7.48 gal
1 gal = 0.758 L
1oz(US liquid) = 29.6 ml
1pint = 473.179 ml
1quart = 946 ml
1 L = 1.06quarts
1barel(석유) = 42 gal(U.S.A) = 158.99 L

질량의 단위

1 kg = 1,0000 g = 1,000,000mg = 2.20lb
1lb = 16oz = 453.59 g
1 g = 15.4 gr(grain)
1 gr = 0.064 g
1oz = 28.3 g

기타의 단위

Avogadro No. = 0.6023×10^{24}molecual/mol
기체정수(R) (이상기체법칙 PV=nRT에서)
= 82.0 ml.atm/deg.mol
= 1.9868ca.de.mol
= 8.3145joules/deg.mol
1cal=1 g의 물을 1℃ 상승시키는데 요하는 에너지
1BTU=1lb의 물을 1˚F 상승시키는데 요하는 에너지
1BTU=252cal

압력의 단위

1atm = 760 mm(수은주) = 29.92in
= 14.696 Ib/in^2
= 1.0133 bars
= 1.0333 g/cm^2

온도의 단위

0K = -273.18℃
K = ℃+273
˚F = 9/5℃+32
℃ = 5/9(˚F−32)

전기의 단위

1A(Ampere) = 매초 1coulomb의 흐름
1volt = 1A의 정상전류를 통할 때의 1ohm의 도선의 양쪽끝의 전위차와 같다.
1F(Frarday) = 96,500coulombs
1coulomb = 전기분해로 0.00111800 g의 Ag를 석출시키는 데 요하는 전기량

E3 지시약의 변색 범위

지시약	pH범위	변색	용매
Methyl violet	02 ~ 3.0	황색에서 청색	H_2O
Thymol blue	1.2 ~ 2.8	적색에서 황색	H_2O(+NaOH)
Tropaeolin OO(Orange Ⅳ)	1.2 ~ 3.2	적색에서 노랑색	H_2O
Benzo purpurin 4B	1.2 ~ 4.0	보라색에서 적색	20% Alcohol
Methyl orange	3.1 ~ 4.4	적색에서 등황색	H_2O
Brom phenol blue	3.0 ~ 4.6	황색에서 청자색	H_2O(+NaOH)
Congo red	3.0 ~ 5.0	청색에서 적색	70% Alcohol
Brom cresol green	3.8 ~ 5.4	황색에서 청색	H_2O(+NaOH)
Methyl red	4.4 ~ 6.2	적색에서 황색	〃
Chlor phenol red	4.8 ~ 6.8	청색에서 적색	〃
Brom cresol purple	5.2 ~ 6.8	황색에서 적자색	〃
Litmus	4.5 ~ 8.3	적색에서 청색	H_2O
Brom thymol blue	6.0 ~ 7.6	황색에서 청색	H_2O(+NaOH)
Phenol red	6.8 ~ 8.2	황색에서 적색	〃
Thymol blue	8.0 ~ 9.2	황색에서 청색	〃
Phenolphthalein	8.3 ~ 10.0	무색에서 적색	70% Alcohol
Thymolphthalein	9.3 ~ 10.5	황색에서 청색	〃
Alizarin yellow GG	10.0 ~ 12.0	황색에서 적색	95% −Alcohol
Indigo carmine	11.4 ~ 13.0	청색에서 녹색	50% −Alcohol
Trinitrobenzene	12.0 ~ 14.0	무색에서 동색	70% −Alcohol

E4 약산의 해리 상수

산	분자식	공액염기	ka	pKa
Acetic acid	$HC_2H_3O_2$	$C_2H_3O_2^-$	1.8×10^{-3}	4.76
Arsenic acid	H_3AsO_4	$H_2AsO_4^-$	6.0×10^{-3}	2.22
Dihydrogen arsenate ion	$H_2AsO^-_4$	$HAsO_4^{2-}$	1.0×10^{-7}	6.98
Monohydrogen arsenate ion	$HA_3O_4^{2-}$	$A_3O_4^{2-}$	4×10^{-12}	11.4
Benzoic acid	$HC_7H_5O_2$	$C_7H_5O_2^-$	6.3×10^{-5}	4.20
Boric acid	H_3BO_3	$B(OH)_4^-$	5.8×10^{-10}	9.24
Carbonic acid	H_2CO_3-CO_2	HCO_3^-	4.4×10^{-7}	6.35
Hydrogen carbonate ion	HCO_3^-	CO_3^{2-}	4.7×10^{-11}	10.33
Hydrogen chromate ion	$HCrO_4^-$	CrO_4^{2-}	3.0×10^{-7}	6.52
Citric acid	$H_3C_6H_5O_7$	$H_2C_6H_5O_7^-$	7.4×10^{-10}	3.13
Dihydrogen citrate ion	$H_2C_6H_5O_7^-$	$HC_6H_5O_7^{2-}$	1.7×10^{-5}	4.76
Monohydrogen citate ion	$HC_6H_5O_7^{2-}$	$C_6H_5O_7^{3-}$	4.0×10^{-7}	6.40
Formic acid	$HCHO_2$	CHO_2^-	1.8×10^{-4}	3.76
Glycine	$^+NH_3CH_2CO^-_2$	$NH_2CH_2CO_2^-$	1.7×10^{-10}	9.78
Hydrocyanic acid	HCN	CN^-	4×10^{-10}	9.4
Hydrofluoric acid	HF	F^-	6.7×10^{-4}	3.17
Hydrosulfuric acid	H_2S	HS^-	1.0×10^{-7}	7.0
Hydrogen sulfide ion	HS^-	S^{2-}	1.3×10^{-4}	12.9
Lactic acid	$HC_3H_5O_3$	$C_3H_5O_3^-$	1.4×10^{-4}	3.86
Monchloroacetic acid	$HC_2H_2ClO_2$	$C_2H_2ClO_2^-$	1.4×10^{-3}	2.86
Nitrous acid	NHO_2	NO_2^-	5.1×10^{-3}	3.3
Oxalic acid	$H_2C_2O_4$	$HC_2O_4^-$	5.4×10^{-3}	1.3
Hydrogen oxalate ion	$HC_2O^-_4$	$C_2O_4^{2-}$	5.4×10^{-2}	4.27
Phosphoric acid	H_3PO_4	$H_2PO_4^-$	7.1×10^{-3}	2.15
Dihyhrogen phospate ion	$H_2PO^-_4$	HPO_4^{2-}	6.3×10^{-4}	7.20
Monohydrogen phosphate ion	HPO_4^{2-}	PO_4^{2-}	4.4×10^{-13}	12.4
Propionic acid	$HC_3H_5O_2$	$C_3H_5O_2^-$	1.3×10^{-5}	4.87
Succinic acid	$H_2C_4H_4O_4$	$HC_4H_4O_4^-$	6.2×10^{-5}	4.21
Hydrogen succinate ion	$HC_4H_4O_4^-$	$C_4H_4O_4^{2-}$	2.3×10^{-4}	5.64
Sulfamic acid	HNH_2SO_3	$NH_2SO_3^-$	1.0×10^{-1}	1.0
Hydrogen sulfate ion	HSO^-_4	SO_4^{2-}	1.0×10^{-2}	1.99
Sulfurous acid	$H_2SO_3+SO_2$	HSO_3^-	1.7×10^{-3}	1.8
Hydrogen Sulfite ion	HSO_3^-	SO_3^{2-}	6.2×10^{-8}	7.20
Tartaric acid	$H_2C_4H_4O_6$	$HC_4H_4O_6^-$	1.1×10^{-3}	2.96
Hydrogen tartrate ion	$HC_4H_4O_6^-$	$C_4H_4O_6^{2-}$	4.3×10^{-5}	4.37

E5 25℃에서의 표준전극전위

산성용액

반쪽반응	E°(V)
$Li^{+} + e^{-} \rightleftharpoons Li$	−3.045
$K^{+} + e^{-} \rightleftharpoons K$	−2.925
$Rb^{+} + e^{-} \rightleftharpoons Rb$	−2.925
$Cs^{+} + e^{-} \rightleftharpoons Cs$	−2.923
$Ra^{2+} + 2e^{-} \rightleftharpoons Ra$	−2.916
$Ba^{2+} + 2e^{-} \rightleftharpoons Ba$	−2.906
$Sr^{2+} + 2e^{-} \rightleftharpoons Sr$	−2.888
$Ca^{2+} + 2e^{-} \rightleftharpoons Ca$	−2.866
$Na^{+} + e^{-} \rightleftharpoons Na$	−2.714
$Ce^{3+} + 3e^{-} \rightleftharpoons Ce$	−2.483
$Mg^{2+} + 2e^{-} \rightleftharpoons Mg$	−2.363
$Be^{2+} + 2e^{-} \rightleftharpoons Be$	−1.847
$Al^{3+} + 3e^{-} \rightleftharpoons Al$	−1.662
$Mn^{2+} + 2e^{-} \rightleftharpoons Mn$	−1.180
$Zn^{2+} + 2e^{-} \rightleftharpoons Zn$	−0.7628
$Cr^{3+} + 3e^{-} \rightleftharpoons Cr$	−1.744
$Ga^{3+} + 3e^{-} \rightleftharpoons Ga$	−0.529
$Fe^{2+} + 2e^{-} \rightleftharpoons Fe$	−0.4402
$Cr^{3+} + e^{-} \rightleftharpoons Cr^{2+}$	−0.408
$Cd^{2+} + 2e^{-} \rightleftharpoons Cd$	−0.4029
$Pbso_4 + 2e^{-} \rightleftharpoons Pb + SO_4^{2-}$	−0.3588
$Tl^{+} + e^{-} \rightleftharpoons Tl$	−0.3363
$Co^{2+} + 2e^{-} \rightleftharpoons Co$	−0.277
$H_3PO_4 + 2H^{+} + 2e^{-} \rightleftharpoons H_3PO_3 + H_2O$	−0.276
$Ni^{2+} + 2e^{-} \rightleftharpoons Ni$	−0.250
$Sn^{2+} + 2e^{-} \rightleftharpoons Sn$	−0.136
$Pb^{2+} + 2e^{-} \rightleftharpoons Pb$	−0.126
$2H^{+} + 2e^{-} \rightleftharpoons H_2$	0.0000
$S+2H^{+} + 2e^{-} \rightleftharpoons H_2S$	+0.142
$Sn^{4+} + 2e^{-} \rightleftharpoons Sn^{2+}$	+0.15
$SO_4^{2-} + 4H^{+} + 2e^{-} \rightleftharpoons H_2SO_3 + H_2O$	+0.172
$AgCl + e^{-} \rightleftharpoons Ag + Cl^{-}$	+0.2222
$Cu^{2+} + 2e^{-} \rightleftharpoons Cu$	+0.450
$H_2SO_3 + 4H^{+} + 4e^{-} \rightleftharpoons S+3H_2O$	+0.450
$Cu^{+} + e^{-} \rightleftharpoons Cu$	+0.521
$I_2 + 2e^{-} \rightleftharpoons 2I^{-}$	+0.337

E6 자주 사용되는 시약의 제조법

시약명	농도	제조법(100 ml, 부피비)
황산(진한)	36N(18 M)	비중 1.84 g/ml
황산(묽힌)	6N(3 M)	용량플라스크에 물 50 ml+황산(36N) 17 ml를 섞은 후 100 ml로 만든다.
질산(진한)	14.5N	비중 1.42
질산(묽힌)	6N	용량플라스크에 질산(진한) 38 ml를 넣은 후 100 ml로 만든다.
염산(진한)	~12N(~35%)	비중 ~ 1.19 g/ml
염산(묽힌)	6N	용량플라스크에 염산(진한) 50 ml를 넣은 후 100 ml로 만든다.
빙초산	17 N	시약 빙초산(99.5%)
초산	6 N	용량플라스크에 빙초산 35 ml를 넣은 후 100 ml로 만든다.
수산화나트륨 용액	1 N	용량플라스크에 NaOH 4 g을 넣은 후 100 ml로 만든다.
왕수		질산 : 염산 = 1 : 3
페놀프탈레인 용액		60% 메탄올(1 L) + 페놀프탈레인(1 g)
메틸오렌지 용액		메틸오렌지(1 g)를 소량의 온수에 녹인 후 전체 1 L로 희석
E.B.T. 지시약		Eriochrome Black T(1 g)을 메탄올(100 ml)에 녹인 후 여과지에 걸러 보관한다.
아이오딘 용액		I_2(14 g) + KI(36 g)를 물(100 ml)에 넣고 가열하면서 저어준다.
1% 녹말 용액		가용성 녹말(1 g)을 물에 넣고 가열하면서 저어준다.
아이오딘화 포타슘 녹말 종이		0.1% KI 용액(10 ml) + 1% 녹말용액(1 ml) 혼합용액에 여과지를 담갔다 꺼낸다.
Nessler 시약		KI(8 g/5 ml) 수용액과 $HgCl_2$(11.5 g/10 ml) 수용액을 섞은 후 KOH(15 g/30 ml) 수용액을 가한다. 희석하여 100 ml로 만든 후 여과하여 갈색병에 보관한다.

지은이 소개

홍익대학교

김영관 · 김영식 · 박경문 · 이승희 · 황광진 · 하윤경

(가나다순)

현대일반화학실험 제2판

지 은 이 화학교재연구회
발 행 인 강성관
발 행 처 드림플러스
주 소 우 150-091 서울시 영등포구 경인로 82길 3-4
센터플러스 714호
전 화 02-2164-1880
팩 스 02-2164-1594
메 일 dream-plus@dream-plus.co.kr
등 록 2011. 07. 26. 제 406-2011-000097호
발 행 일 2026. 02. 25. 2판 2쇄 발행

ISBN 978-89-97546-16-9 93430

가 격 16,000원

이 도서의 국립중앙도서관 출판시도서목록(CIP)은 서지정보유통지원시스템 홈페이지(http://seoji.nl.go.kr)와 국가자료공동목록시스템(http://www.nl.go.kr/kolisnet)에서 이용하실 수 있습니다.(CIP제어번호: CIP2014002734)